Dieses Arbeitsheft gehört: ....

5

mathe live

Mathematik für Sekundarstufe I

von Sabine Kliemann

erarbeitet von
Pia Blättgen
Sabine Kliemann
Wolfram Schmidt
Xenia Wenig

Ernst Klett Verlag
Stuttgart · Leipzig

Inhaltsverzeichnis

Liebe Schülerin, lieber Schüler!

Du bist nun an der neuen Schule und vieles wird am Anfang noch neu sein. Damit du dich in deinem Mathematikbuch und im Arbeitsheft zurechtfindest, bekommst du hier einige Hinweise.
Das Arbeitsheft enthält viele interessante und spannende Übungsaufgaben zu den Themen in deinem Mathematikbuch.

Unten auf jeder Seite steht ein Hinweis, an welcher Stelle im Buch du nachschlagen kannst, falls dir ein mathematischer Begriff, eine Rechenregel oder eine geometrische Zeichnung noch nicht klar sein sollte.

Beispiel: Koordinatensystem ▻ Schülerbuch, Seite 51

Die Rechnungen und die Lösungen zu den Aufgaben kannst du meistens direkt ins Arbeitsheft eintragen, nur gelegentlich brauchst du ein zusätzliches Blatt. Alle Lösungen kannst du in der Beilage nachschlagen und dich so jederzeit selbst kontrollieren. Wenn du ein Thema fertig bearbeitet hast, hake es im Inhaltsverzeichnis ab. So erhältst du einen guten Überblick über das, was du schon geschafft hast.

Alles verstanden?

Gehe mithilfe des Lernrückblicks noch einmal die wichtigsten Inhalte des Kapitels durch. Mit dem abschließenden Test kannst du deine Selbsteinschätzung überprüfen. Die Lösungen sind in der Beilage enthalten.

Vor manchen Aufgaben findest du folgende Zeichen:

[●] Einen Punkt für Aufgaben mit erhöhtem Schwierigkeitsgrad.

[●●] Zwei Punkte für Aufgaben mit hohem Schwierigkeitsgrad oder Aufgaben, die etwas Geduld erfordern.

[✓] Den Haken für Aufgaben mit direkter Möglichkeit zur Selbstkontrolle auf der Seite.

Bevor es richtig losgeht, ist – ähnlich wie im Sport – ein wenig Aufwärmen und ein bisschen Denkgymnastik angesagt.

Magische Dreiecke
Setze die Zahlen 1, 2, 3, 4, 5, und 6 so in die Felder des Dreiecks ein, dass die Summe der Zahlen jeweils einer Seite immer 10 ergibt.

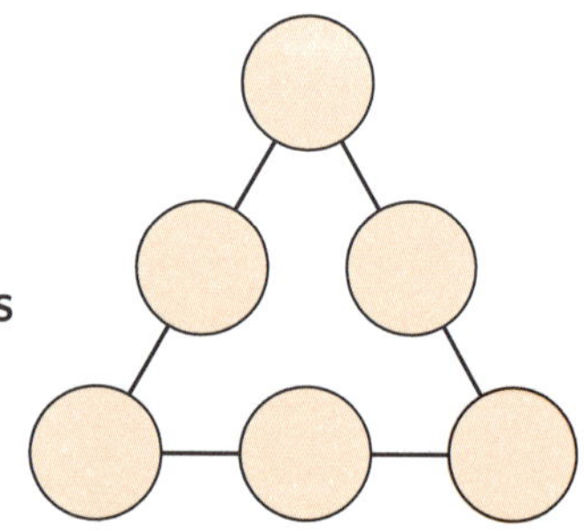

Versuche es auch mit den Zahlen 1, 2, 3, 5, 6, 7 oder 1, 2, 3, 4, 6, 7.

Zahlenmuster
Viele Rechenaufgaben erzeugen interessante Zahlenmuster. Nimm die Ausgangszahlen 143 und 15 873. Wähle nun eine Zahl zwischen 1 und 9, z. B. 3 und multipliziere diese mit 7, also $3 \cdot 7 = 21$.
Berechne dann:

$143 \cdot 21 =$

$15\,873 \cdot 21 =$

Versuche es einmal selbst mit einer anderen Zahl zwischen 1 und 9. Was kannst du beobachten? Kannst du deine Beobachtung erklären?

Zahlengeschichten
Überlege, ob dir zu einzelnen Zahlen ein Gedanke oder ein Sprichwort einfällt.

Beispiel: Aller guten Dinge sind *drei*.
oder *Sieben* auf einen Streich.

....

....

....

Labyrinthe

Schon seit jeher haben Labyrinthe die Menschen fasziniert. In großen Gartenanlagen kannst du sie häufig finden. Sie sind meist aus hohen Hecken errichtet, sodass man sich richtig verlaufen kann. Mit einem Bleistift auf dem Papier ist es schon deutlich leichter, den Weg durch das Labyrinth zu finden.

Dieser Plan entspricht dem Labyrinth einer Kirche in Frankreich.

Fadenbilder

Für diese Bilder benötigst du ein Stück Karton und einen bunten Wollfaden. Zeichne auf den Karton eine Figur und loche den Rand z. B. mit einer Stricknadel. Nun kannst du die Löcher mit dem Wollfaden verbinden. Je genauer du arbeitest, desto schöner wird das Ergebnis.

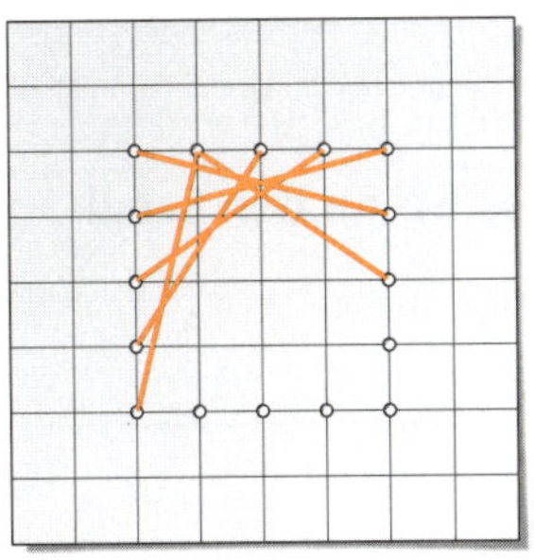

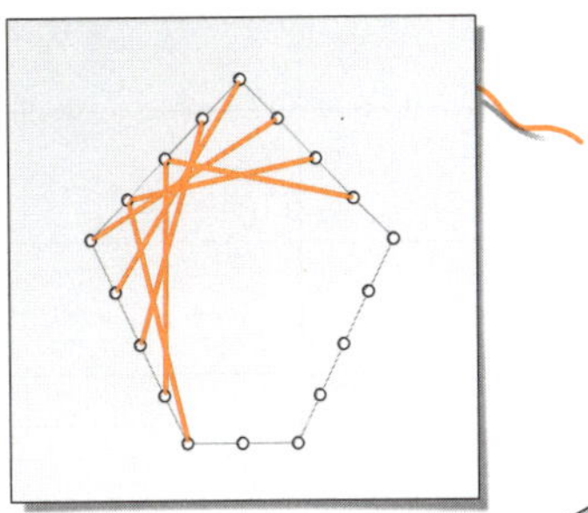

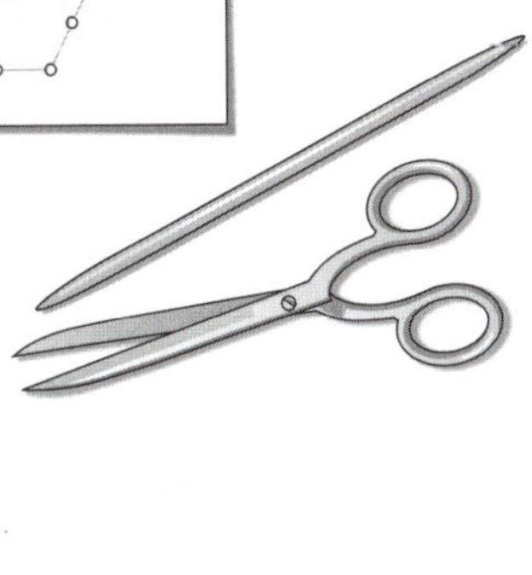

Eine Schachbrettaufgabe

Wie viele Quadrate befinden sich auf einem Schachbrett? 64 oder 65? Wie du sicherlich sehr schnell erkennst, sind es viel mehr.
Wenn du mit einem kleinen Brett beginnst und einmal genauer hinschaust, wirst du verschieden große Quadrate entdecken können.

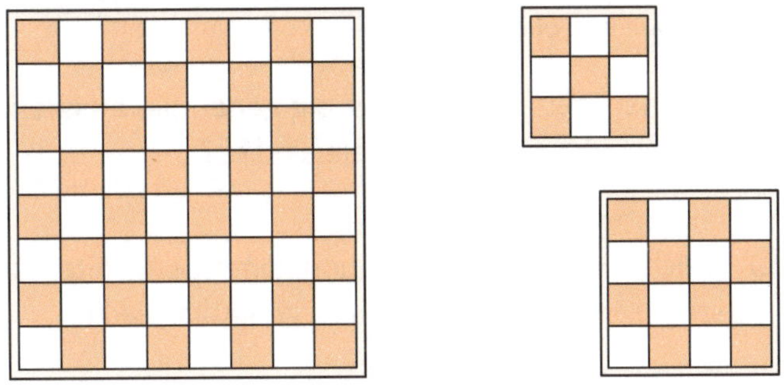

Schwer, schwerer, am schwersten

Knobi ist schwerer als Knobine.
Knobo ist schwerer als Knobold.
Knobi ist leichter als Knobold.
Wer ist am schwersten?

Bitte nichts verschütten

Du hast nur einen 5-Liter-Krug und einen 3-Liter-Krug zur Verfügung, um die Milch aus der großen vollen Milchkanne abzumessen.
Wie kannst du einen Liter abmessen, ohne die Milch zu verschütten?

Nun hast du eine volle 8-Liter-Kanne und jeweils eine leere 5-Liter-Kanne und eine leere 3-Liter-Kanne. Wie kannst du den Inhalt der großen Kanne so umschütten, dass du anschließend jeweils 4 Liter in den beiden großen Kannen hast?

1 a) Sabrina und Peter befragen ihre Mitschülerinnen und Mitschüler, was sie am liebsten in ihrer Freizeit unternehmen. Sie haben die Ergebnisse in einer Liste gesammelt. Werte die Befragung in einer Strichliste aus.

Freunde besuchen, lesen, Sport, Computer, fernsehen, musizieren, Freunde besuchen, Sport, lesen, Computer, lesen, Computer, lesen, Computer, Freunde besuchen, musizieren, Freunde besuchen, Freunde besuchen, lesen, Computer, Sport, fernsehen, lesen, musizieren, fernsehen, Freunde besuchen, Computer, lesen, fernsehen, Sport, Freunde besuchen, lesen

Freunde besuchen	|
lesen	|
Sport	|

b) Welcher Freizeitbeschäftigung gehen die meisten Mitschülerinnen und Mitschüler nach? Wie viele sind es?

....

c) Welche Freizeitbeschäftigung kommt am seltensten vor? Wie viele Mitschülerinnen und Mitschüler gehen ihr nach?

....

2 a) Marija hat in einer Umfrage die Lehrerinnen und Lehrer ihrer Schule nach ihrem Alter befragt. Die Ergebnisse hat sie in einer Liste festgehalten. Vervollständige die Strichliste.

37, 35, 51, 46, 31, 41, 50, 39, 34, 42, 41, 38, 36, 40, 36, 40, 36, 45, 40, 36, 36, 38, 40, 50, 49, 49, 40, 38, 36, 38, 39, 35, 53, 32, 39, 31, 42, 40,42, 33, 38, 36

31 – 35 Jahre	

b) Welche Altersgruppe ist am größten? ....

c) Wie viele Lehrkräfte sind jünger als 36 Jahre? ....

d) Wie viele Lehrkräfte sind älter als 45 Jahre? ....

e) Wie viele Lehrerinnen und Lehrer gibt es insgesamt an der Schule?

....

3 [●] Die Liste gibt die Zeit in Minuten an, die die Schülerinnen und Schüler der Klasse 5 b für den Schulweg benötigen:

5, 22, 9, 35, 12, 9, 14, 6, 5, 26, 14, 15, 10, 5, 8, 11, 22, 28, 17, 29, 9, 14, 45, 12, 29, 25, 25, 6, 13, 21

a) Überlege dir eine sinnvolle Zeiteinteilung und werte die Liste in einer Strichliste aus. Vervollständige anschließend die Fragen passend zu deiner Zeiteinteilung und beantworte sie.

b) Wie viele Schülerinnen und Schüler brauchen mindestens ....

Minuten für ihren Schulweg? ....

c) Wie viele Schülerinnen und Schüler brauchen weniger als ....

Minuten für ihren Schulweg? ....

d) Wie viele Schülerinnen und Schüler brauchen .... als

20 Minuten für ihren Schulweg? ....

▻ Schülerbuch, Seite 10 bis 11

4 a) Fertige eine Häufigkeitstabelle an, aus der du ablesen kannst, wie viele Stunden deine Klasse pro Woche (Wochenstunden) in den verschiedenen Fächern unterrichtet wird und welche Lehrerin oder welcher Lehrer das Fach unterrichtet. Ergänze dazu die Übersicht.

Tipp
Bevor du mit den Aufgaben auf dieser Seite beginnst, besorge dir einen Stundenplan eurer Klasse. Du musst genau wissen, wie lange die Stunden und die Pausen dauern. Lege den Stundenplan neben dein Arbeitsheft.

Fach/Arbeitsgruppe	Strichliste	Anzahl der Wochenstunden	Lehrerin/Lehrer

b) Angenommen, euer Sportlehrer und euer Mathelehrer würden für eine Woche mit einer anderen Klasse auf Klassenfahrt gehen. Wie viele Vertretungsstunden hättet ihr während dieser Zeit?

c) Bestimme die Häufigkeiten für Lehrerinnen und Lehrer, die wöchentlich

weniger als 4 Stunden bei euch unterrichten.

mehr als 6 Stunden bei euch unterrichten.

5 a) Fertige eine Häufigkeitstabelle für die einzelnen Pausen *in einer Woche* an:

Pausendauer	Strichliste	Häufigkeit	Pausendauer insgesamt (in min) (Dauer x Häufigkeit)
			Summe:

b) Wie viele Minuten Pause hast du in einer Woche?

c) [●] Vergleiche die Pausenzeiten pro Woche mit den Unterrichtszeiten.

1 Die Strichliste zeigt die Schulwegzeiten der Schüler aus der Klasse 5 b. Zeichne ein Säulendiagramm.

Zeit (in min)	Anzahl der Schüler
0 bis 5	卌 I
6 bis 10	卌 卌
11 bis 15	卌 II
16 bis 20	I
21 bis 25	卌

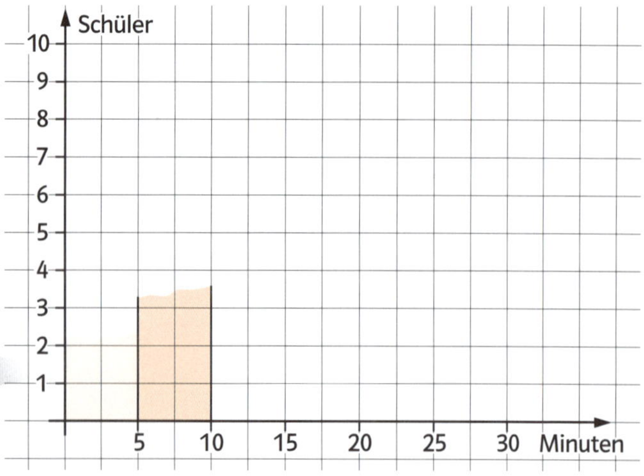

2 So kommen die Schüler der Klasse 5 c zur Schule:

Verkehrsmittel	Anzahl der Schüler
Bus/Bahn	8
zu Fuß	12
Fahrrad	5
Auto	4

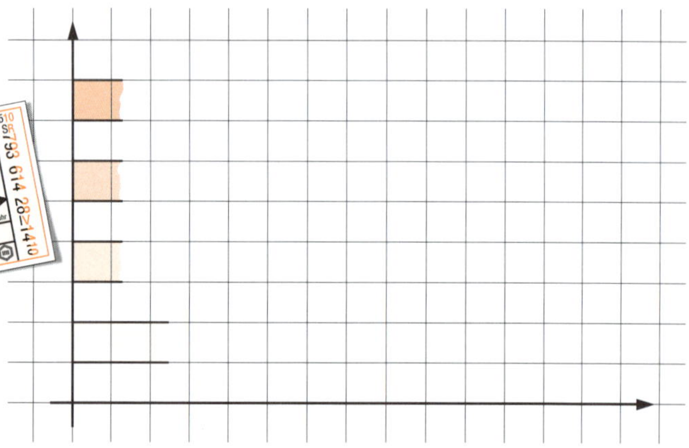

Erstelle hierzu ein Balkendiagramm. Achte auf die richtige Beschriftung der Achsen.

3 [●] Für ein Klassenfest der 5a mit 28 Schülern hat der Klassensprecher eine Umfrage bezüglich des Lieblingsessens seiner Mitschüler gestartet. Das Ergebnis siehst du hier in einem Kreisdiagramm dargestellt.

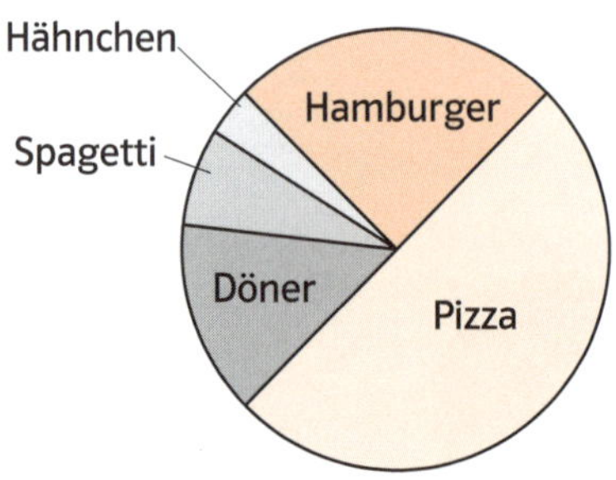

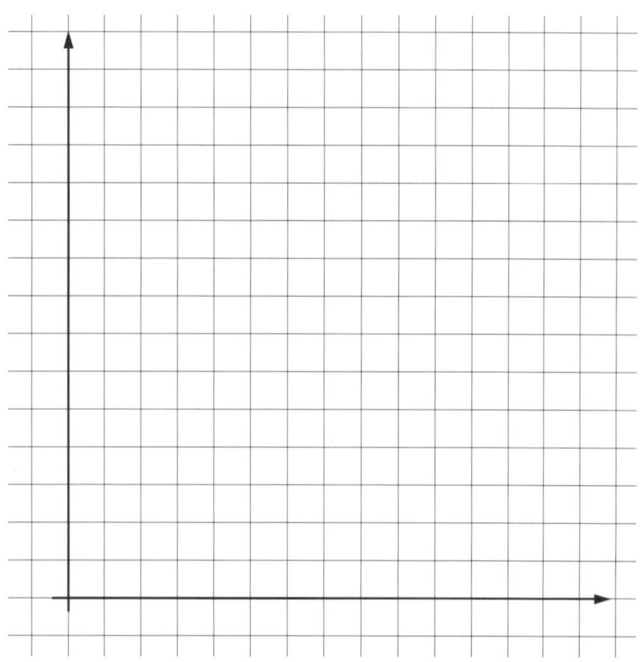

a) Welches ist die „unbeliebteste" Lieblingsspeise?

....

b) Wie viele Kinder essen am liebsten

Pizza? .... Hamburger? ....

c) Am Tag des Klassenfests werden Pizza und Hamburger angeboten. Wie viele Kinder der Klasse sind jetzt enttäuscht? ....

d) Das abgebildete Diagramm nennt man *Kreisdiagramm*. Übertrage die Ergebnisse der Umfrage in ein Säulen- oder Balkendiagramm. (Hähnchen/Döner/Spagetti = 1 Balken oder 1 Säule).

4 a) Schreibe in Stichworten auf, was du aus den beiden Diagrammen alles ablesen kannst.

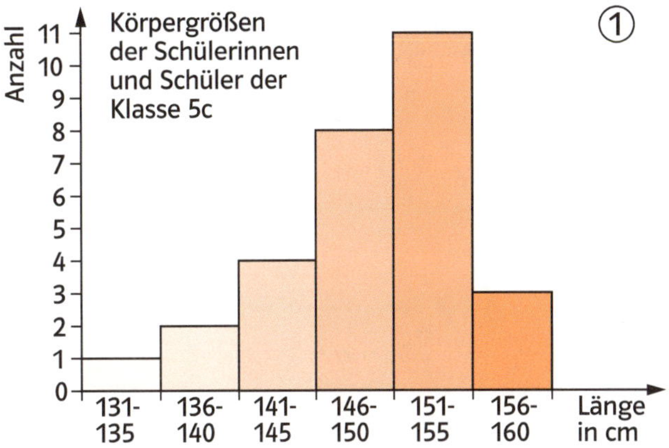

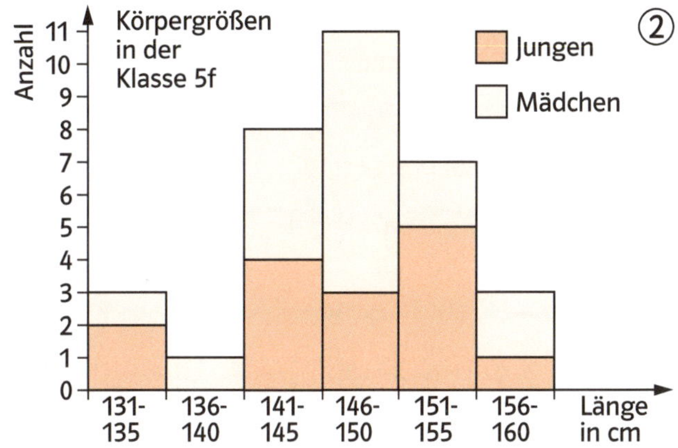

Diagramm 1: ....

....

Diagramm 2: ....

....

b) Kannst du aus den Diagrammen ablesen, wie viele Kinder 1,47 m groß sind? ....

Begründe deine Antwort. ....

5 [●] Was ist bei den folgenden Diagrammen falsch bzw. was fehlt?

a)

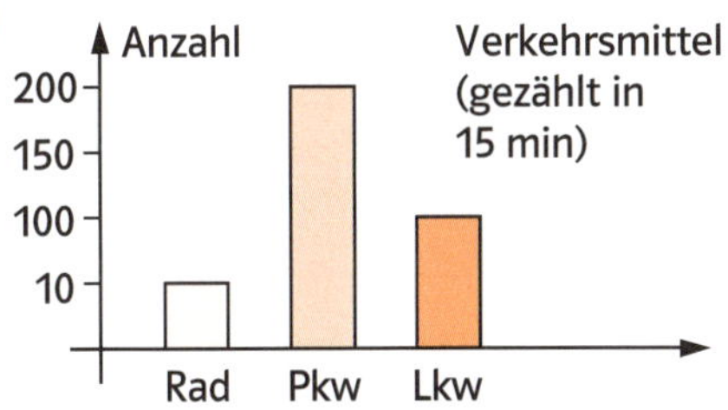

b)

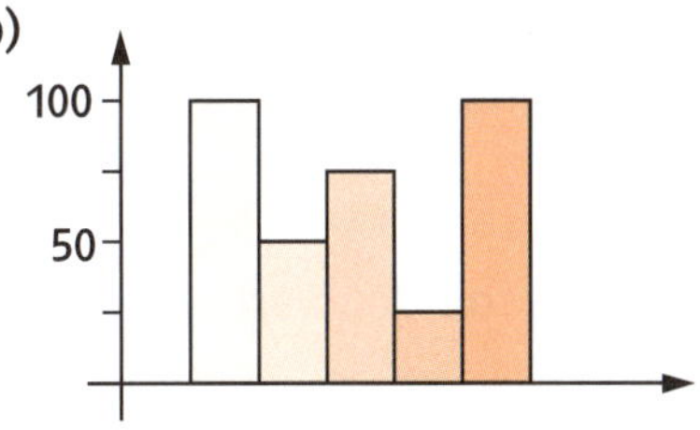

c)

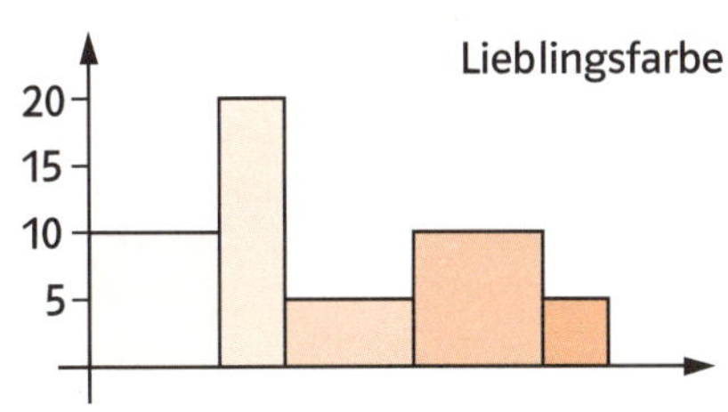

d)

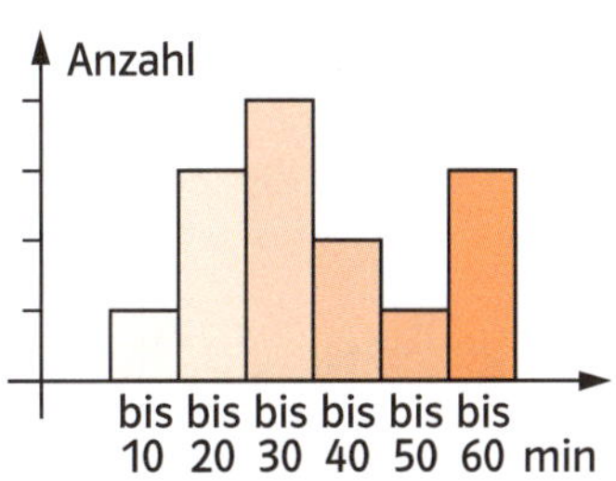

Tipp

Beim Zeichnen von Diagrammen solltest du auf einige Dinge achten!

- Überlege vorher, **wie groß** das Diagramm werden soll.
- Jedes Diagramm braucht eine **Überschrift**.
- Beide **Achsen** müssen **beschriftet** sein.
- Achte auf korrekte **Abstände** zwischen den Zahlen auf den Achsen.
- Überlege, welcher **Einheit** ein Kästchen entsprechen soll.
- Die Säulen oder Balken müssen **gleich breit** sein.

a) ....

b) ....

c) ....

d) ....

Berichtige, wenn möglich die Fehler oder ergänze Fehlendes farbig.

Runden von Zahlen

1 a) Runde auf Zehner.

22 ≈ .... 58 ≈ .... 262 ≈ .... 424 ≈ ....

b) Runde auf Hunderter.

501 ≈ .... 786 ≈ .... 148 ≈ .... 754 ≈ ....

c) Runde auf Tausender.

1665 ≈ .... 5380 ≈ .... 9108 ≈ .... 17352 ≈ ....

2 Runde auf Zehntausender, Hunderttausender und Millionen.

	Zehntausender	Hundertausender	Millionen
14 743 283			
93 223 801			
14 089 425			
90 765 476			
32 054 289			

Tipp

Überlege stets, welche Stelle einer Zahl darüber entscheidet, ob aufgerundet oder abgerundet wird.

Beispiele:

Runde 2768 auf Zehner.
ab 5 aufrunden
Rundungsstelle

2768 ≈ 2770

Runde 436 921 auf Hunderter.
bis 4 abrunden
Rundungsstelle

436 921 ≈ 436 900

Das Zeichen ≈ steht für „ungefähr gleich" bzw. „rund".

3 Welche Zahlen darf man runden, welche nicht? Begründe deine Entscheidung.

a) Telefonnummer: 72 64 52 ....

b) Länge eines Flusses: 6784 km ....

c) Schuhgröße: 43 ....

d) Kontonummer: 456 780 02 ....

e) Einwohnerzahl einer Stadt: 143 673 ....

f) Nenne Beispiele, bei denen Zahlen nicht gerundet werden dürfen. ....

....

....

4 Die Besucherzahl bei einem Popkonzert wird in der Zeitung mit 67 500 angegeben.

a) Wie könnte die wirkliche Besucherzahl gewesen sein? Nenne verschiedene Möglichkeiten.

....

b) Nenne die kleinste und die größte mögliche Besucherzahl. ....

c) Wie würdest du die Zahlen in einem Zeitungsartikel runden?

Besucher beim Kirchentag: 132 687 ....

Museumsbesucher im Jahr: 2 453 788 ....

Teilnehmer am Sportfest: 15 298 ....

Abonnenten einer Zeitung: 352 835 ....

Besucher beim Jugendtag: 258 965 ....

Käufer eines Autotyps: 638 728 ....

5 [✓] **Wissenswertes über die Planeten unseres Sonnensystems**

Runde die Zahlen auf die in Klammern angegebene Stelle. Zu jeder Lösung gehört ein Buchstabe, den du in der Buchstabenscheibe findest. Diesen trägst du dann in die entsprechenden Felder des Lösungsspruchs ein.

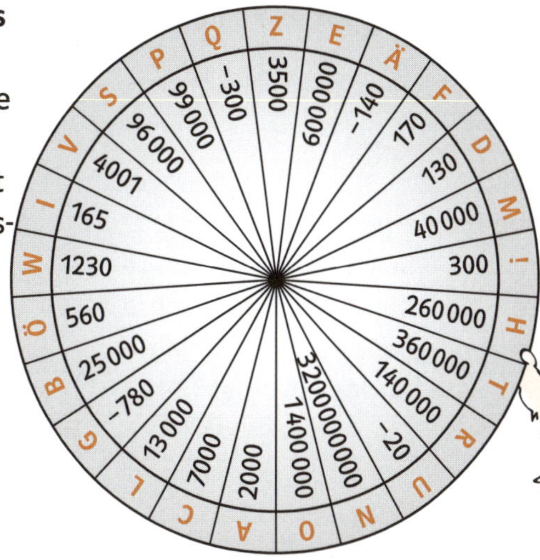

Aufgabe	Lösung → Buchstabe	Trage ein in Feld
Die Sonne hat einen Durchmesser von 1 392 500 km. (HT)	*1 400 000 → O*	2
Die Erde hat am Äquator einen Umfang von 40 075 km. (T)		24, 34
Der erdnächste Punkt des Mondes ist von der Erde 356 419 km entfernt. (ZT)		22
Der Mond hat einen Durchmesser von 3476 km. (H)		32
Die niedrigste Temperatur auf dem Mond beträgt – 143 °C. (Z)		20
Die mittlere Temperatur auf dem Mond beträgt – 23 °C. (Z)		8, 33
Die maximale Temperatur auf dem Mond beträgt 127 °C. (Z)		10
Der Mars hat einen Durchmesser von 6794 km. (T)		27
Der Mars hat ungefähr den halben Durchmesser von der Erde. Berechne den Erddurchmesser und runde auf (T).		21
Für einen Umlauf um die Sonne braucht der Saturn 29 Jahre, 166 Tage und 22 Stunden. Berechne, wie viel Stunden das sind und runde das Ergebnis auf (ZT).		1, 12, 19, 28
Der Jupiter hat einen Durchmesser von 142 984 km. (ZT)		14, 15, 38, 39
Am sonnenfernsten Bahnpunkt empfängt Pluto 2430-mal weniger Licht von der Sonne als die Erde. (T)		13, 25, 37
Für einen Umlauf um die Sonne braucht Neptun 165 Jahre. (Z)		3, 4
Der größte Erdabstand des Uranus beträgt 3 157 300 000 km. (HMIO)		6, 9, 17, 26, 30, 36, 41
Der Uranusmond Oberon umkreis den Uranus im Abstand von 583 519 km. (HT)		5, 16, 29, 40
Oberon schafft das in rund 323 Stunden. (H)		42

Lösungsspruch:

___ 1 ___ 2 ___ 3 ___ 4 ___ 5 ___ 6 ___ 7 ___ 8 ___ 9 ___ 10 ___ 11 ___ 12 ___ 13 ___ 14 ___ 15 ___ 16 ___ 17 ___ 18 ___ 19 ___ 20 ___ 21 ___ 22

___ 23 ___ 24 ___ 25 ___ 26 ___ 27 ___ 28 ___ 29 ___ 30 ___ 31 ___ 32 ___ 33 ___ 34 ___ 35 ___ 36 ___ 37 ___ 38 ___ 39 ___ 40 ___ 41 ___ 42

1 a) Lies aus dem Diagramm ab, wie alt die Tierarten werden können.

....

....

b) Trage in dasselbe Diagramm ein:

Seehund	40 Jahre	Schildkröte	120 Jahre
Gorilla	35 Jahre	Känguru	20 Jahre
Panda	30 Jahre	Papagei	80 Jahre

c) Erstelle eine Rangliste für das Alter der Tiere.

....

....

d) Bestimme den Zentralwert und die Spannweite.

....

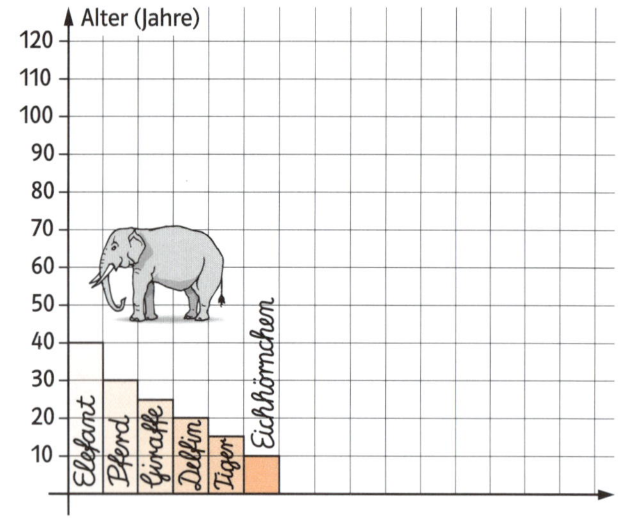

2 a) Schätze die Höhe der im Diagramm eingezeichneten höchsten Berge der fünf Kontinente. Ordne nun die Bergnamen mit den genauen Höhenangaben den einzelnen Kontinenten zu.

Mount Cook: 3764 m ....

Mont Blanc: 4807 m ....

Aconcagua: 6959 m ....

Mount Everest: 8846 m ....

Kilimandscharo: 5895 m ....

b) Der höchste Berg in Deutschland ist die Zugspitze mit 2962 m. Erstelle eine Rangliste.

....

....

c) Bestimme den Zentralwert und die Spannweite.

....

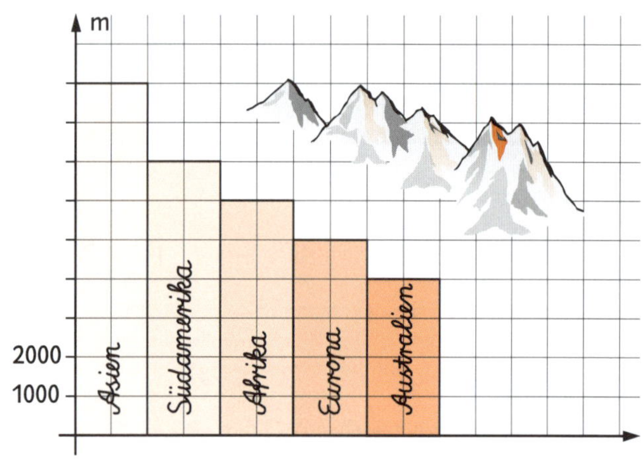

Tipp

Wirf einen Blick in deinen Atlas und suche die Berge, Tiefseegräben und Flüsse.

3 Ergänze das Balkendiagramm.

① Nil (Afrika)	6 671 km ≈	....
② Amazonas (Südamerika)	6437 km ≈	....
③ Mississippi/Missouri (Nordamerika)	6021 km ≈	....
④ Jangtsekiang (China)	5526 km ≈	....
⑤ Wolga (Europa)	3531 km ≈	....
⑥ Donau (Europa)	2858 km ≈	....

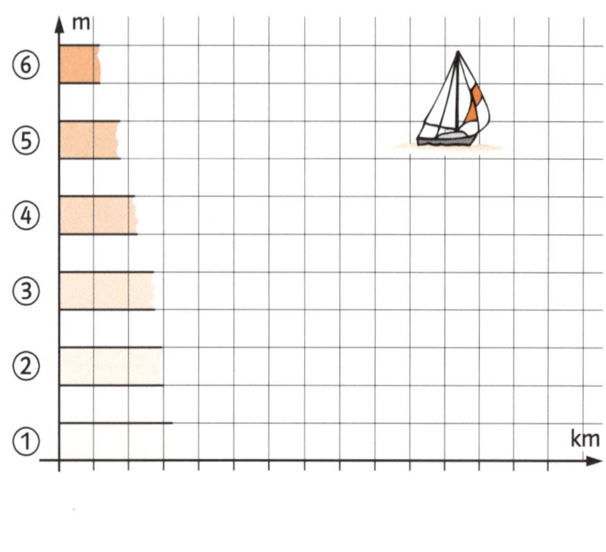

Überlege mithilfe des Lernrückblicks, ob du alles verstanden hast.

1 a) Ich kann Daten (z. B. aus Umfragen) mathematisch auswerten, indem ich ....

....

....

....

Außerdem habe ich noch gelernt, ...

....

b) Beispiele dazu sind

2 Darauf muss ich achten,

a) wenn ich ein Diagramm zeichne: ....

....

....

b) wenn ich Rangliste, Spannweite, Zentralwert ermittle: ....

....

....

c) wenn ich Zahlen runde: ....

....

....

3 Entscheide dich.

☐ Ich fühle mich fit im Bereich „Daten" und mache den Test auf der nächsten Seite.

☐ Bevor ich den Test mache, übe ich erst noch Folgendes: ....

....

Note	5a	5b
1	IIII	
2	𝍸 II	𝍸 𝍸
3	𝍸 I	𝍸 𝍸
4	𝍸 III	𝍸
5	II	𝍸
6	I	

In der Klasse 5 a gibt es 13 Mädchen und 16 Jungen. Die Umfrage nach dem monatlichen Taschengeld ergab folgendes Ergebnis:

Mädchen: 5€; 8,50€; 4€; 6,50€; 12€; 24€; 15€; 8€; 18€; 10€; 12€; 12€; 8€

Jungen: 10€; 6€; 30€; 20€; 4,50€; 16€; 10€; 12€; 8€; 15€; 14€; 5€; 8,50€; 12€; 6€; 9,50€

[einfach]

1 a) Welche Note kam in der Jahrgangsstufe 5

am häufigsten, ...

am seltensten vor? ....

b) Wie viele Schüler haben die Arbeit geschrieben? ....

2 Stelle die Häufigkeit der Noten der Klasse 5a in einem Säulendiagramm dar.

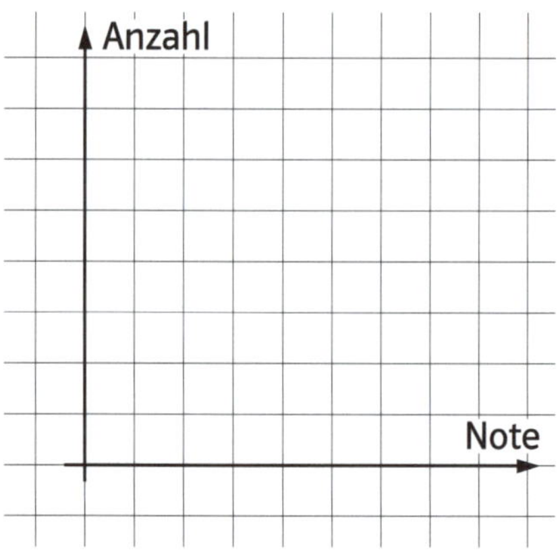

3 Runde

a) auf Zehner.

56 ≈ ....

73 ≈ ....

b) auf Hunderter.

241 ≈ ....

365 ≈ ....

c) auf Tausender.

3459 ≈ ....

5799 ≈ ....

[mittel]

1 Erstelle ein Balkendiagramm für die Höhe des Taschengeldes bei den Jungen.

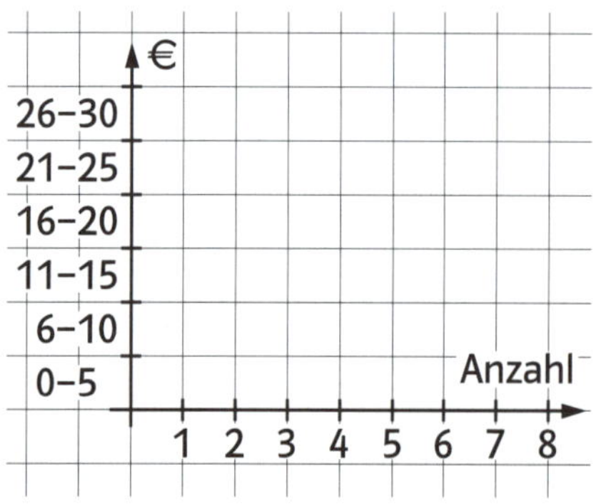

2 Erstelle eine Rangliste für die Jungen. Berechne den Zentralwert und die Spannweite.

....

....

3 Runde

a) auf Hunderter.

641 ≈ ....

266 ≈ ....

b) auf Tausender.

1324 ≈ ....

8997 ≈ ....

3040 ≈ ....

c) auf Zehntausender.

12369 ≈ ....

37902 ≈ ....

49653 ≈ ....

[schwieriger]

1 Stelle die Verteilung des Taschengeldes für Mädchen und Jungen im Säulendiagramm dar.

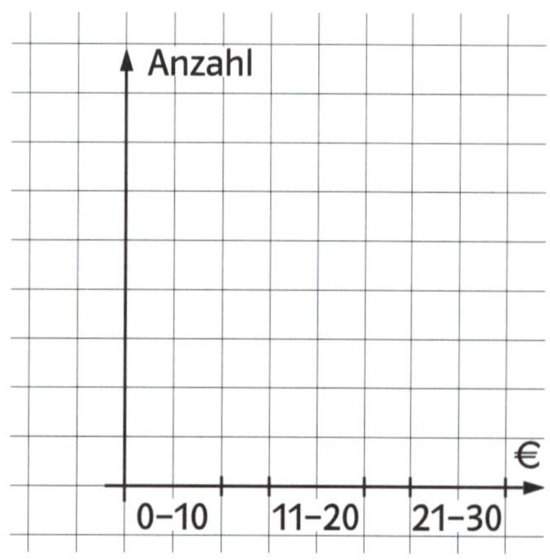

2 a) Berechne die Spannweite für die gesamte Klasse.

....

b) Ein Kind gibt später seine Taschengeldhöhe an. Die Spannweite verändert sich auf 31€. Wie viel Taschengeld bekommt es?

....

3 Runde

a) auf Hunderttausender.

467020 ≈ ....

3205172 ≈ ....

5555555 ≈ ....

b) auf Millionen.

6985321 ≈ ....

29630000 ≈ ....

99500000 ≈ ....

Prüfe anhand der Lösungen in der Beilage.

1

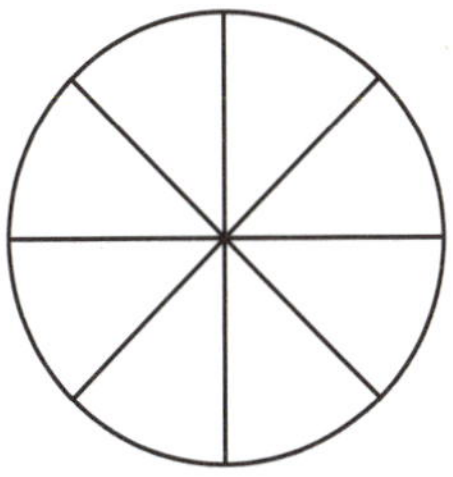

a) Der Kreis ist in .... gleiche Stücke zerlegt.

b) Jeder Teil des Kreises ist .... des Kreises.

c) 3 Teile sind .... des Kreises.

d) Färbe $\frac{5}{8}$ des Kreises ein.

2 Ergänze die fehlenden Angaben.

	Anzahl gleicher Teile	Name der Teile	Eingefärbter Teil	Weißer Anteil
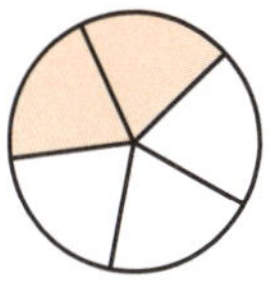		*Fünftel*		
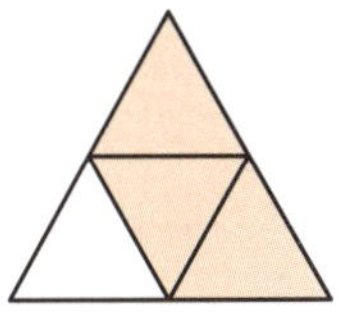				$\frac{1}{4}$
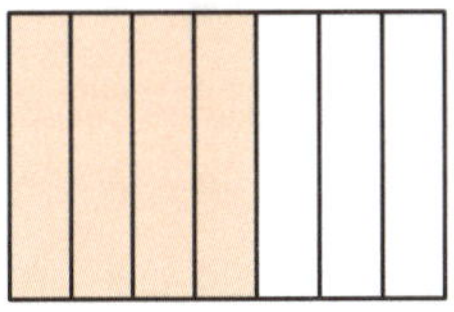	*7*			

3 Färbe die angegebenen Bruchteile dieser Flächen ein.

a) 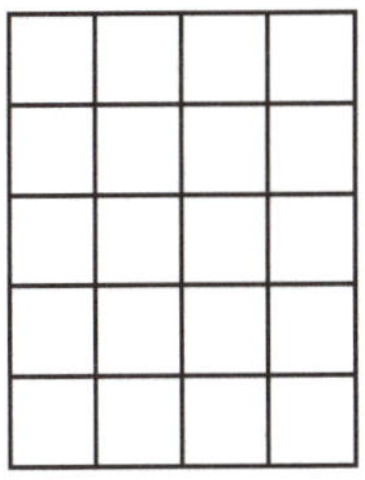 $\frac{4}{20}$

b) 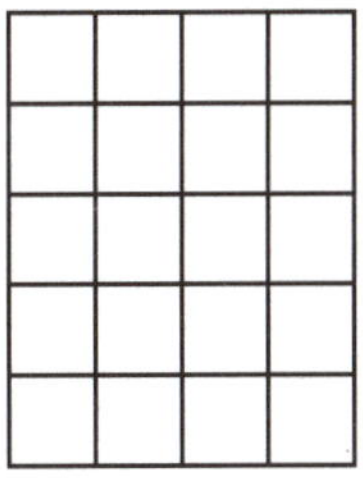 $\frac{3}{5}$

c) 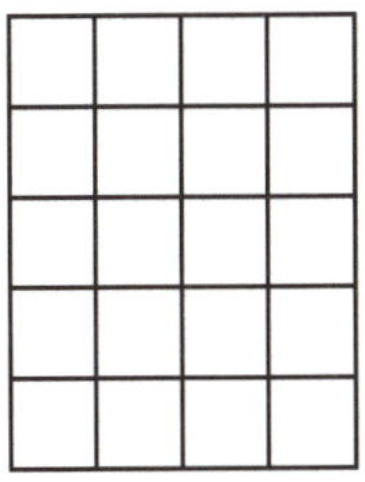 $\frac{5}{10}$

d) 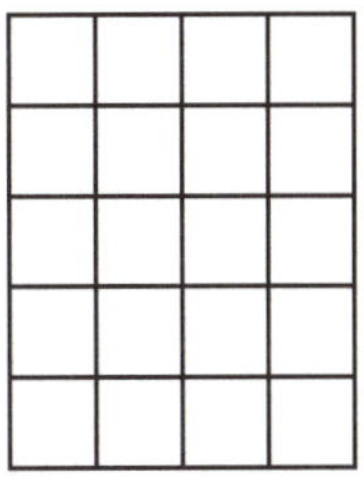 $\frac{3}{4}$

4 Unterteile die Flächen und färbe den angegebenen Anteil ein.

a) 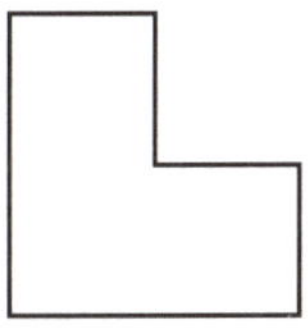 $\frac{1}{3}$

b) 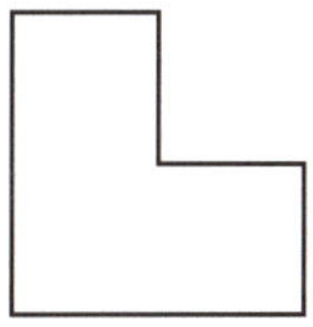 $\frac{2}{3}$

c)  $\frac{1}{5}$

d)  $\frac{4}{5}$

5 Welche Bruchteile sind jeweils eingefärbt?

a) 

= ....

b) 

= ....

c) 

= ....

d) 

= ....

6 Da stimmt was nicht. Was ist wo falsch?

a) 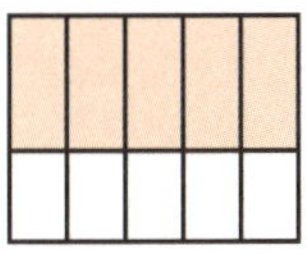 $\frac{5}{10}$

b) 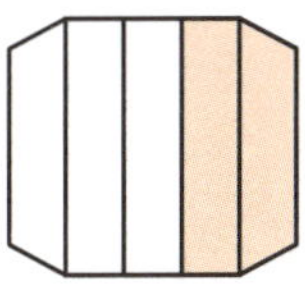 $\frac{2}{5}$

c) 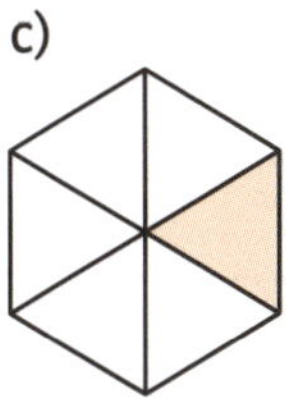 $\frac{1}{3}$

d) 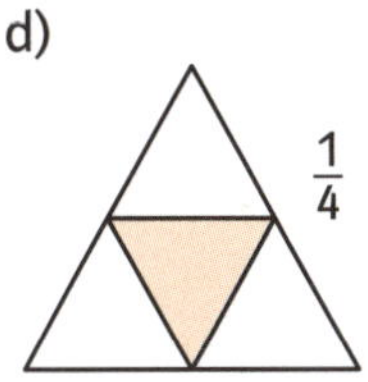 $\frac{1}{4}$

....

....

....

....

....

....

....

7 Auf Nagelbrettern kannst du mit Gummibändern Figuren spannen.

a) Welcher Bruchteil des Brettes ist jeweils eingerahmt?

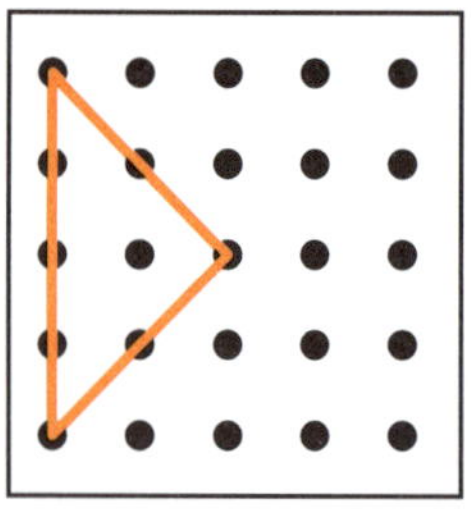

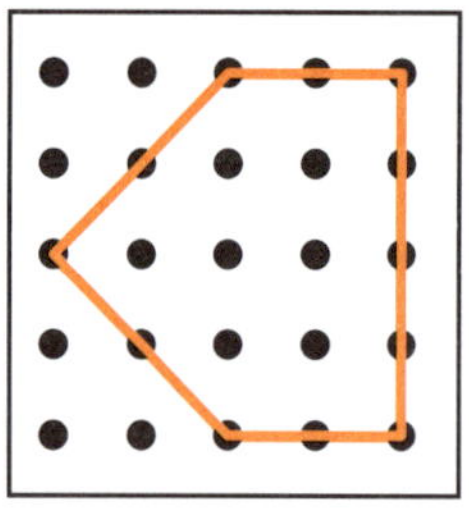

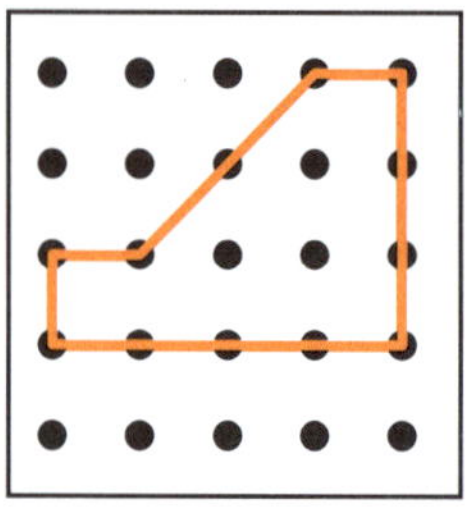

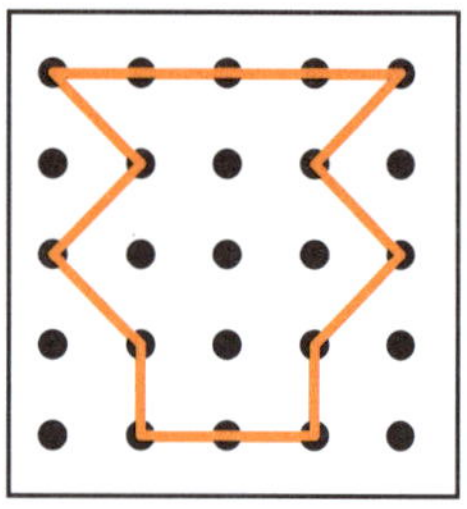

b) Zeichne nun mit verschiedenen Farben ein, wie $\frac{1}{4}$; $\frac{6}{8}$; $\frac{5}{6}$ dargestellt werden können.

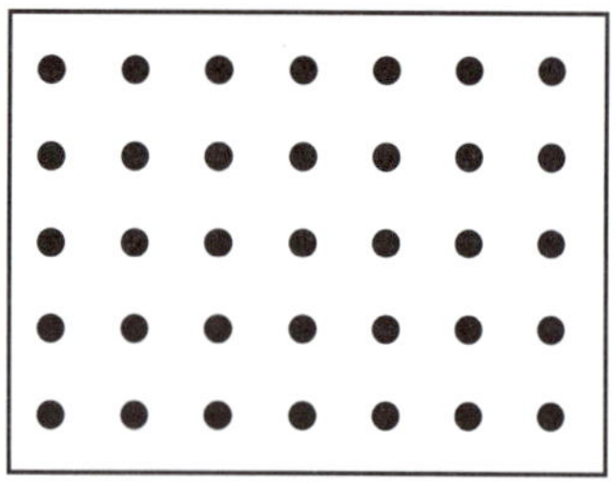

c) Stelle hier selbst erdachte Bruchteile dar.

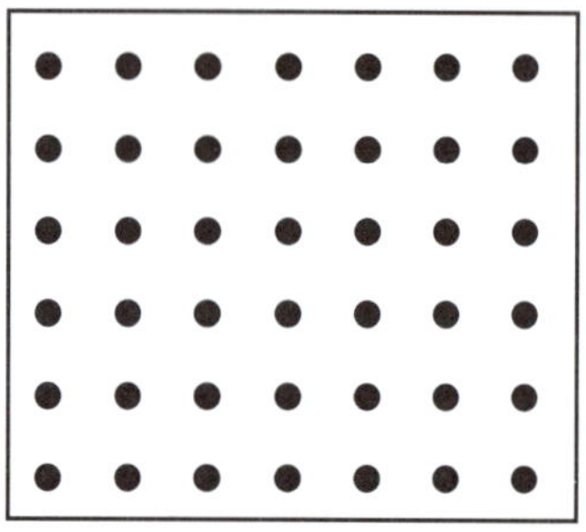

8 Vervollständige die Sätze.

a) Mehr als .... hört gerne Musik.

b) Etwa .... greift gerne zum Buch.

c) Ein .... schwimmt regelmäßig.

d) Etwa .... spielen ein Musikinstrument.

e) Genau .... sitzt häufig am Computer.

f) Weniger als .... fährt Skates.

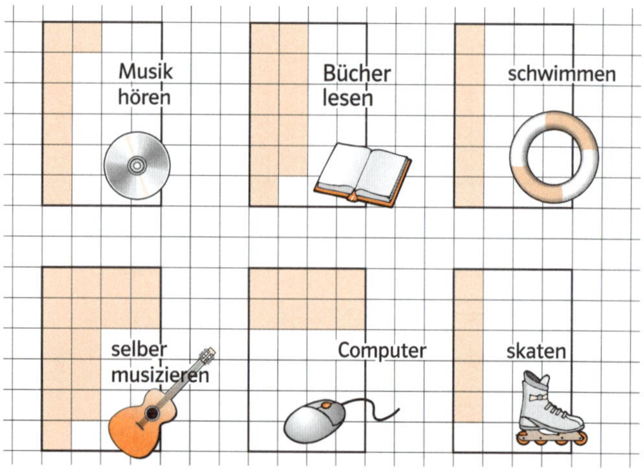

9 Größen werden oft in Bruchteilen angegeben. Hier gehören immer zwei Angaben zusammen.

$\frac{1}{5}$ kg | 125 g | 250 m | $\frac{1}{8}$ kg | 625 g | $\frac{1}{10}$ m

$\frac{4}{5}$ m | 10 cm | 200 g | 80 cm | $\frac{1}{4}$ km | $\frac{5}{8}$ kg

$\frac{1}{5}$ kg = ...

....

1

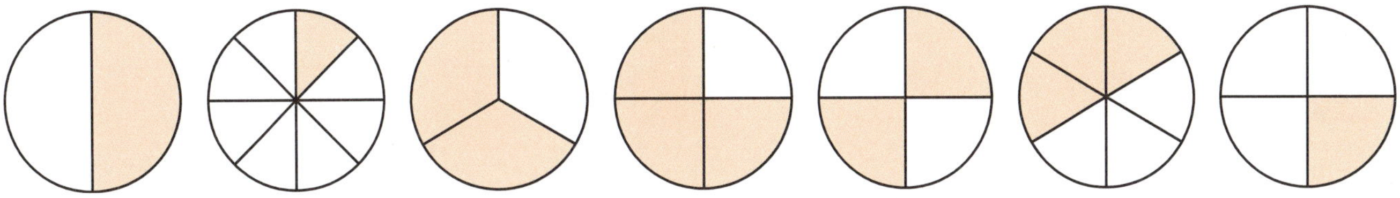

Welche gefärbten Anteile von diesen Kreisen sind gleich groß?

Schreibe sie als Bruchzahlen auf: ....

Benenne den größten Anteil: .... Benenne den kleinsten Anteil: ....

Benenne die Anteile, die dann noch übrig bleiben: ....

2 Vergleiche. Beschreibe, was dir auffällt.

a)

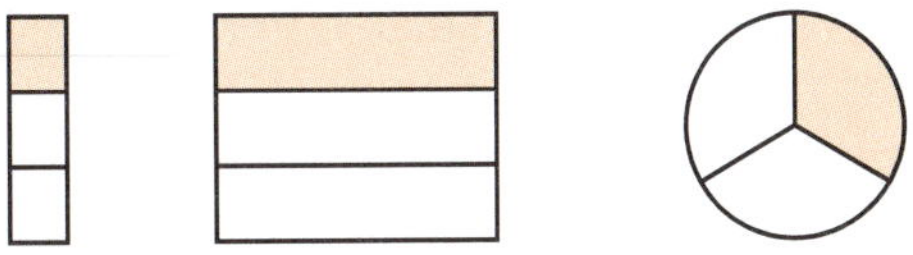

b)

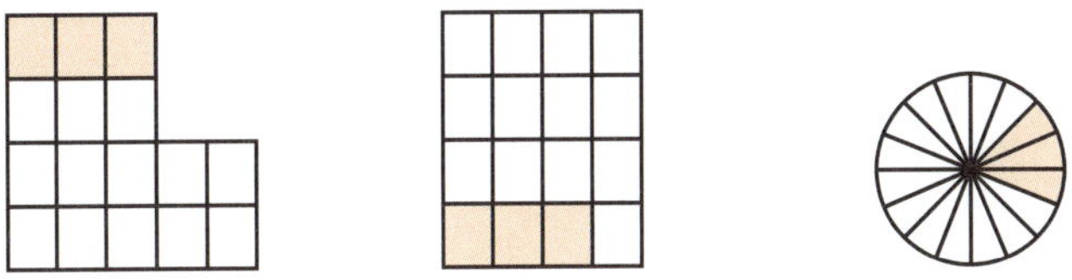

....
....
....
....
....
....
....

3 Sortiere die Bruchzettel.

Suche dir dazu mindestens vier Paare von Brüchen heraus, vergleiche sie und schreibe auf, welcher der größere ist.

a) 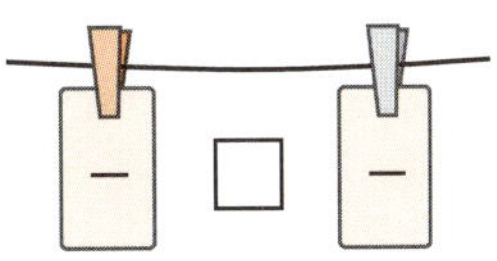
b) 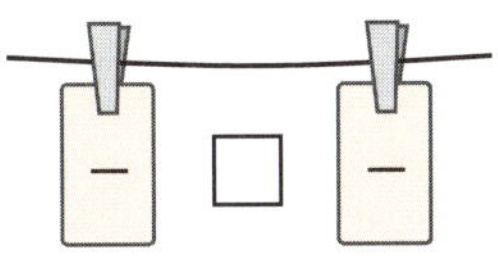
c) 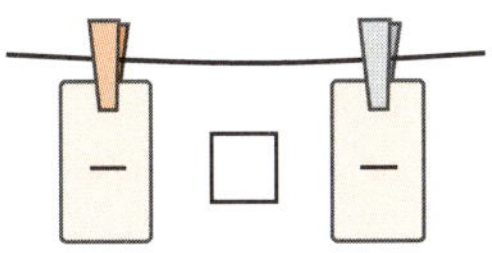
d) 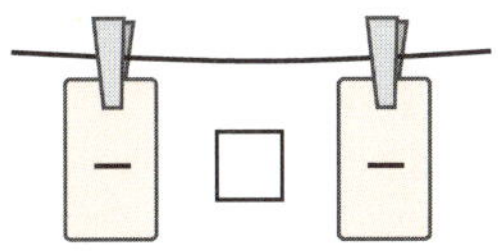

Beschreibe an einem Beispiel, wie du erkennst, welcher Bruch der größere ist: ....

....

4 Schreibe jeweils zwei Brüche auf, die mit folgenden Brüchen gleichwertig sind.

a) $\frac{1}{8} = \frac{\quad}{\quad} = \frac{\quad}{\quad}$ b) $\frac{1}{4} = \frac{\quad}{\quad} = \frac{\quad}{\quad}$ c) $\frac{1}{3} = \frac{\quad}{\quad} = \frac{\quad}{\quad}$ d) $\frac{2}{5} = \frac{\quad}{\quad} = \frac{\quad}{\quad}$ e) $\frac{4}{8} = \frac{\quad}{\quad} = \frac{\quad}{\quad}$

5 In den beiden Tabellen sollen jeweils nur gleich große Brüche stehen.

Zähler	2	4			10
Nenner	10		5	40	

Zähler	4		8		
Nenner	6	3		18	60

Wie findest du jeweils die fehlende Zahl? ....

....

6 Ergänze die fehlende Zahl.

a) $\frac{3}{10} = \frac{6}{\square}$ b) $\frac{4}{5} = \frac{\square}{10}$

c) $\frac{2}{3} = \frac{\square}{9}$ d) $\frac{3}{4} = \frac{9}{\square}$

7 Begründe, welcher Bruch größer ist.

a) $\frac{1}{4}$ oder $\frac{1}{2}$ ....

b) $\frac{2}{4}$ oder $\frac{2}{5}$ ....

8 Es ist 12 Uhr mittags. Zeichne jeweils den fehlenden großen Zeiger an die Stelle in die Uhr, wenn die angegebene Zeit vergangen ist und vergleiche dann.

a) $\frac{1}{4}$ Std. 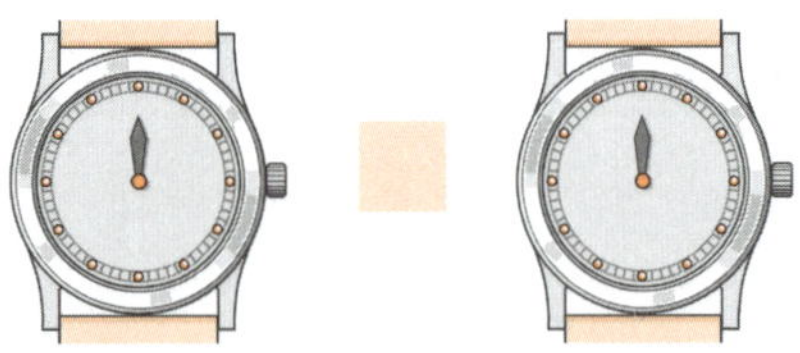 $\frac{1}{5}$ Std.

b) $\frac{1}{3}$ Std. 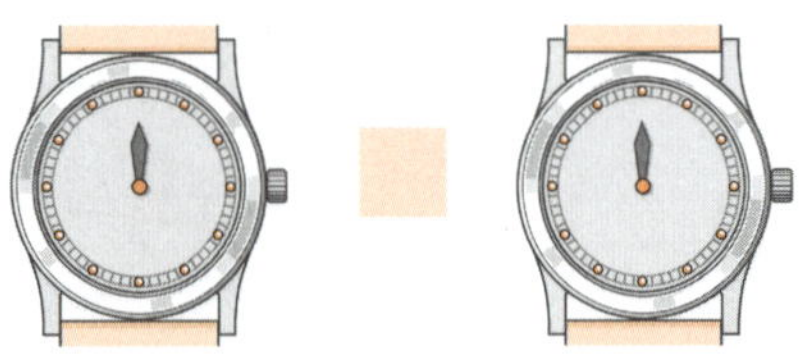 $\frac{2}{6}$ Std.

c) $\frac{3}{10}$ Std. 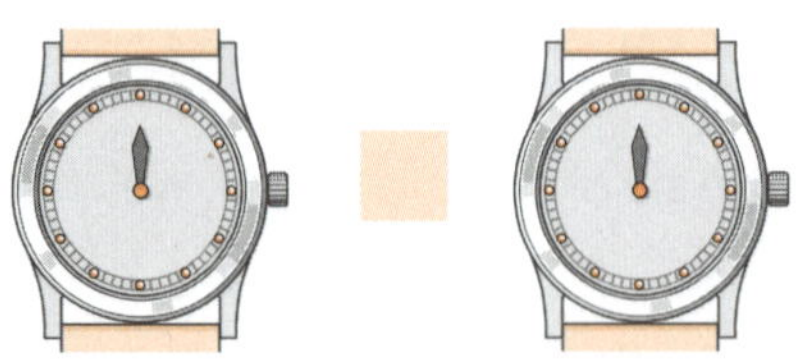 $\frac{2}{5}$ Std.

9 a) Zeichne in verschiedenen Farben in das Hunderterfeld ein: 9 %; 20 %; 25 % und 36 %.

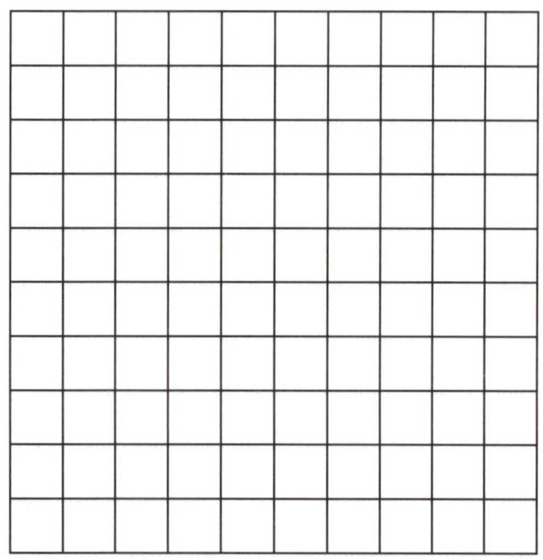

b) Wie viel % macht die restliche weiße Fläche aus?

....

....

10 Welche Bruchteile von einem Meter sind dargestellt? Gib die Anteile in Zentimetern und in Prozent an.

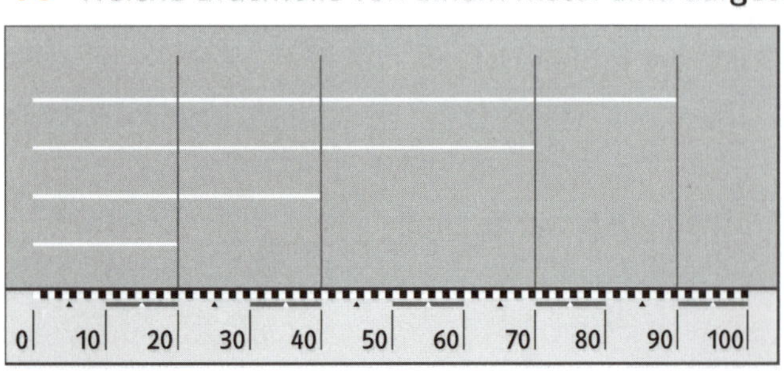

$\frac{90}{100}$ m = ... cm; .... % von 1 m

$\frac{\square}{100}$ m = ... cm; .... % von 1 m

$\frac{\square}{100}$ m = ... cm; .... % von 1 m

$\frac{\square}{100}$ m = ... cm; .... % von 1 m

1 Ein Würfelspiel für zwei bis drei Spieler

Ihr benötigt zwei Würfel und zwei bis drei Spielsteine. Ziel des Spiels ist es, über die Leitern möglichst schnell zum Ziel zu gelangen.

Spielregel

Das Spielfeld zeigt drei Gerüstteile, die nach oben und untereinander mit Leitern verbunden sind. Setzt die Spielsteine auf das Startfeld. Es wird reihum mit beiden Würfeln gewürfelt. Mithilfe der Augenzahlen beider Würfel werden Brüche gebildet (z. B. „3“ und „4“ ergibt entweder $\frac{3}{4}$ oder $\frac{4}{3}$.
Entspricht der Wert dieses Bruches dem Bruch in einem Nachbarkästchen, so darfst du über die Leiter dorthin klettern. Wer nicht klettern kann muss aussetzen.

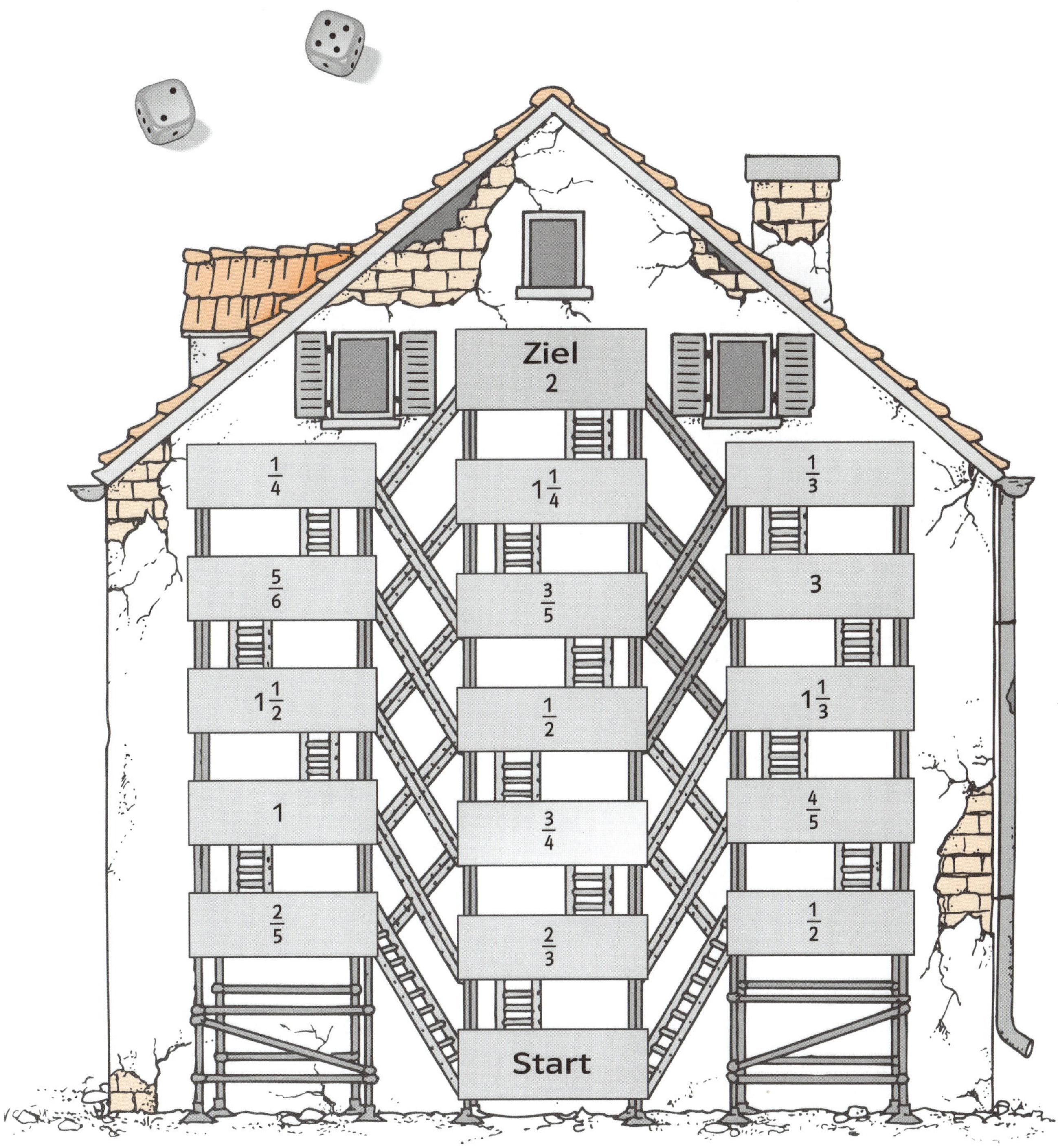

Lernrückblick

Überlege mithilfe des Lernrückblicks, ob du alles verstanden hast.

1 a) Ich kann mit Brüchen umgehen, denn ....

....

....

....

....

b) Beispiele dazu sind

2 Darauf muss ich achten,

a) wenn ich Bruchteile darstelle: ....

....

....

....

b) wenn ich Brüche vergleiche: ....

....

....

....

3 Entscheide dich.

☐ Ich fühle mich fit im Bereich „Brüche“ und mache den Test auf der nächsten Seite.

☐ Bevor ich den Test mache, übe ich erst noch Folgendes: ....

....

[einfach]

1 Welche Anteile sind hier dargestellt?

....

2 Rahme $\frac{3}{4}$ und $\frac{2}{8}$ des Nagelbretts mit zwei Farben ein.

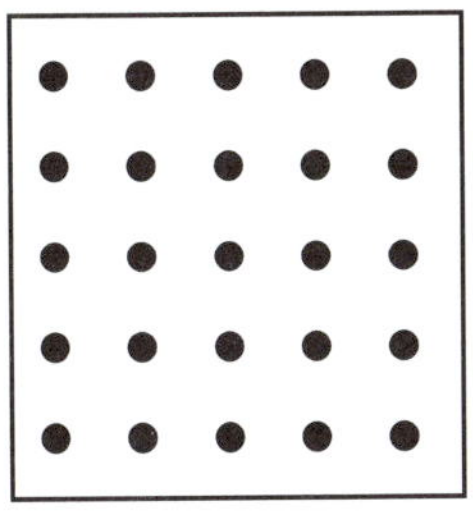

3 Verbinde die zusammenpassenden Angaben.

$\frac{1}{4}$ kg	125 ml
$\frac{3}{4}$ m	250 g
$\frac{1}{8}$ l	75 cm

4 Vergleiche die Brüche und setze die Zeichen <; > oder =.

a) $\frac{1}{2} \; \square \; \frac{4}{8}$

b) $\frac{3}{6} \; \square \; \frac{5}{6}$

c) $\frac{1}{5} \; \square \; \frac{1}{8}$

5 Vervollständige.

a) $\frac{1}{4} = \frac{\square}{8} = \frac{4}{\square}$

b) $\frac{1}{8} = \frac{3}{\square} = \frac{\square}{16}$

c) $\frac{1}{3} = \frac{2}{\square} = \frac{\square}{12}$

[mittel]

1 Welche Anteile sind hier dargestellt?

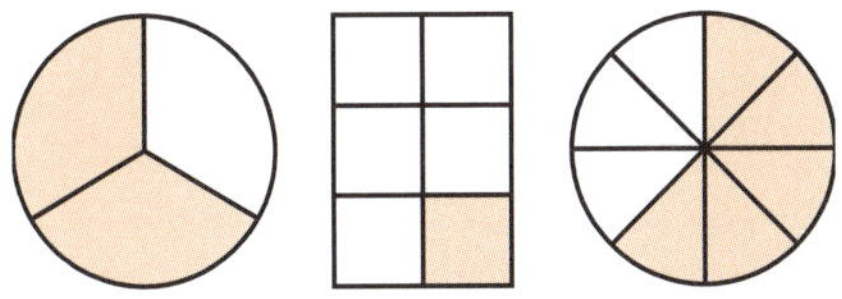

....

2 Rahme $\frac{4}{5}$ und $\frac{2}{3}$ des Nagelbretts mit zwei Farben ein.

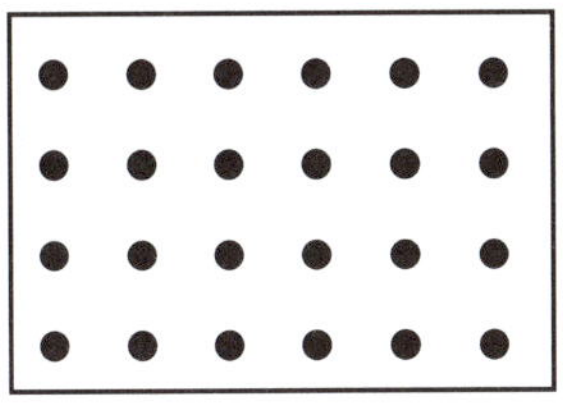

3 Verbinde die zusammenpassenden Angaben.

250 g	$\frac{4}{10}$ kg
20 min	$\frac{2}{8}$ kg
400 g	$\frac{1}{3}$ Std.

4 Vergleiche die Brüche und setze die Zeichen <; > oder =.

a) $\frac{6}{7} \; \square \; \frac{3}{8}$

b) $\frac{2}{3} \; \square \; \frac{3}{4}$

c) $\frac{3}{5} \; \square \; \frac{6}{10}$

5 Vervollständige.

a) $\frac{2}{3} = \frac{\square}{9} = \frac{12}{\square}$

b) $\frac{4}{10} = \frac{2}{\square} = \frac{\square}{15}$

c) $\frac{5}{7} = \frac{10}{\square} = \frac{\square}{49}$

[schwieriger]

1 Färbe die angegebenen Anteile.

$\frac{5}{8}$ $\frac{2}{9}$

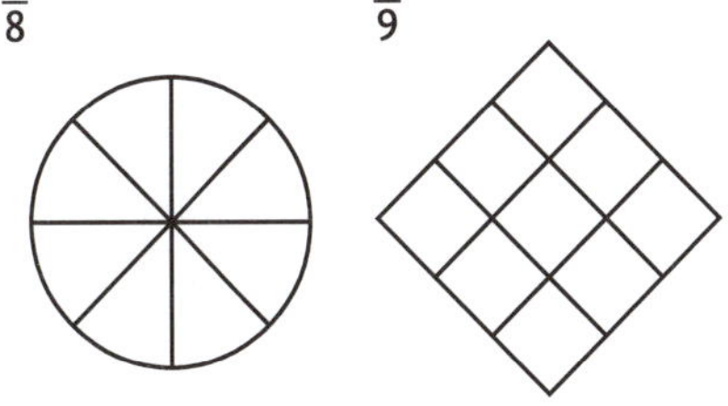

2 Rahme $\frac{7}{10}$ und $\frac{3}{5}$ des Nagelbretts mit zwei Farben ein.

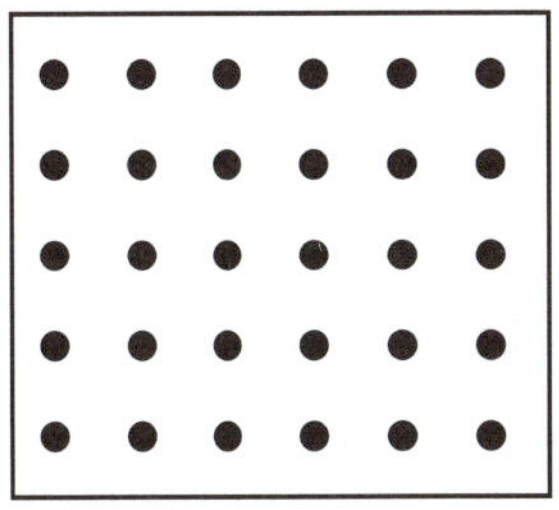

3 Verbinde die zusammenpassenden Angaben.

$\frac{4}{5}$ Std.	12 min
$\frac{2}{10}$ Std.	48 min
$\frac{3}{12}$ Std.	15 min

4 Vergleiche die Brüche und setze die Zeichen <; > oder =.

a) $\frac{5}{8} \; \square \; \frac{5}{9}$

b) $\frac{12}{21} \; \square \; \frac{4}{7}$

c) $\frac{5}{6} \; \square \; \frac{4}{5}$

5 Vervollständige.

a) $\frac{3}{4} = \frac{\square}{100} = \square$ %

b) $\frac{3}{5} = \frac{\square}{100} = \square$ %

c) $\frac{4}{8} = \frac{\square}{4} = \frac{\square}{100} = \square$ %

Prüfe anhand der Lösungen in der Beilage.

1 Quer durch Deutschland

Selma und Olgun wohnen in Duisburg. In den Ferien unternehmen sie eine Fahrt quer durch Deutschland. Ihre Reise führt sie durch verschiedene Orte. Die Gitterpunkte der besuchten Orte findest du unten in der Tabelle. Zeichne die Tour von Selma und Olgun in die Karte ein und ergänze die Städtenamen in der Tabelle.

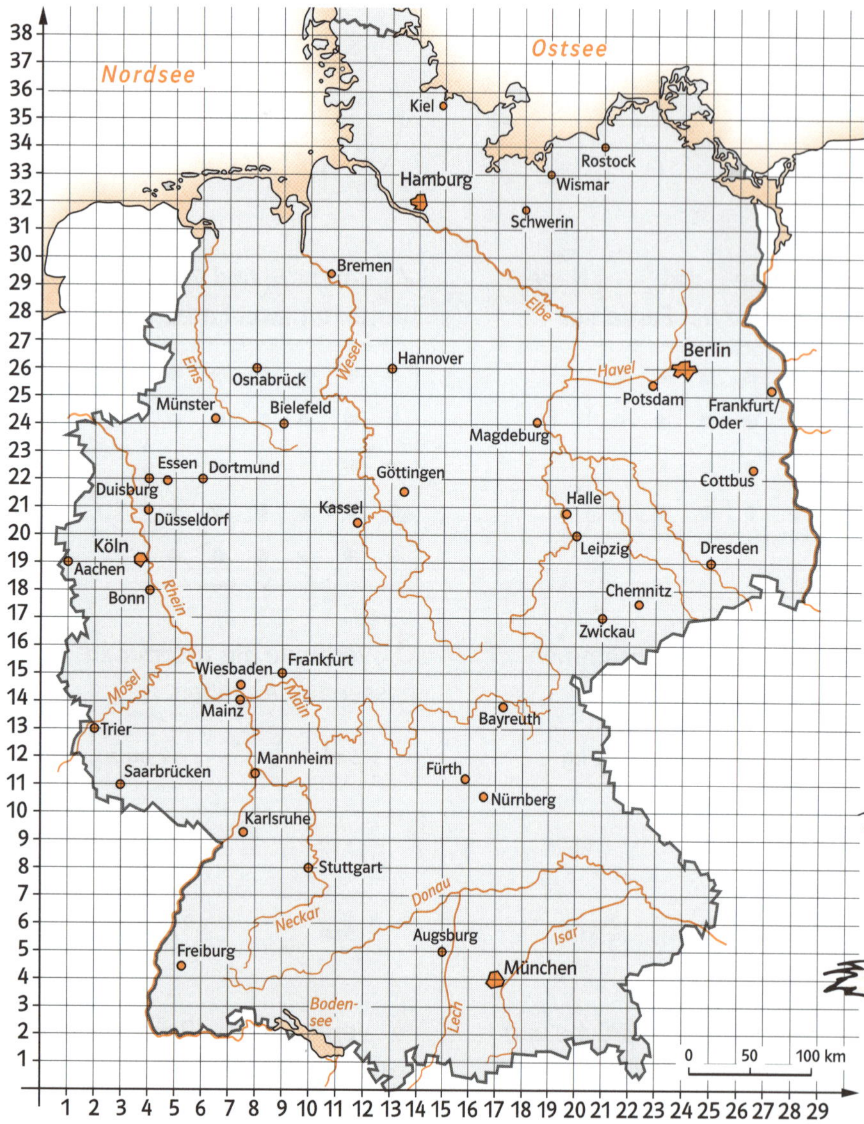

Tipp

Nicht alle Städte liegen genau auf Gitterpunkten. Du kannst auch das zugehörige Gitterfeld angeben.

Gitterpunkt	Stadt	Gitterpunkt	Stadt	Gitterpunkt	Stadt
A(6|22)	Dortmund	B(13|26)		C(14|32)	
D(24|26)		E(20|20)		F(25|19)	
G(21|17)		H(17|4)		I(10|8)	
J(9|15)		K(1|19)		L(4|22)	

Stelle selbst eine Tour zusammen: ....

....

....

Wer sich Kleidung kaufen möchte, muss seine Größen wissen. Diese kannst du anhand deiner Körpermaße ermitteln. Arbeite dazu mit deiner Tischnachbarin oder deinem Tischnachbarn zusammen.
Ihr braucht: Maßband, Geodreieck, Bleistift und Füller

1 a) Die Abbildung zeigt, wie ihr die Körpergröße messen könnt. Körpergröße: ....
b) Markiere in der Tabelle die passende Kleidungsgröße für deine Körpergröße.

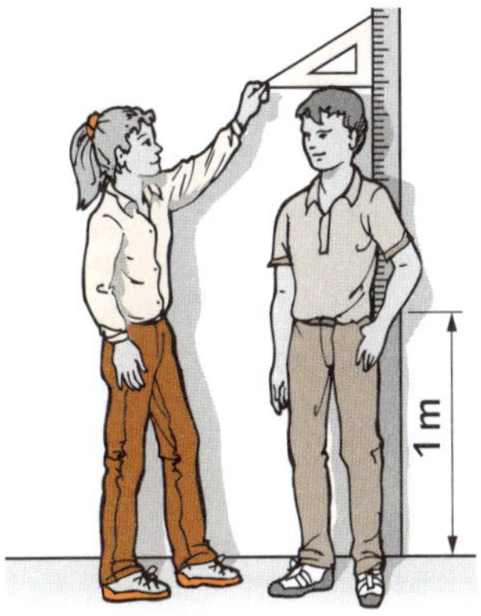

JUNGEN/MÄDCHEN/TEENS										
JUNGENBEKLEIDUNG					MÄDCHENBEKLEIDUNG					
Kleidungsgröße	Körpergröße ①	Brustumfang ②	Taillenumfang ③	Hüftumfang ④	Kleidungsgröße	Körpergröße ①	Brustumfang ②	Taillenumfang ③	Hüftumfang ④	entspricht Damen-Konfektionsgröße
92	87–92	53–56	50–52	56–59	92	87–92	54–56	50–52	55–57	–
98	93–98	55–58	51–53	59–61	98	93–98	55–57	51–53	56–58	–
104	99–104	57–60	52–54	60–63	104	99–104	56–58	52–54	57–59	–
110	105–110	59–62	54–56	62–65	110	105–110	57–59	53–55	60–62	–
116	111–116	61–64	55–57	64–67	116	111–116	58–60	54–56	61–63	–
122	117–122	63–66	56–58	66–69	122	117–122	59–62	55–57	64–66	–
128	123–128	65–68	57–59	68–71	128	123–128	61–64	56–58	67–69	–
134	129–134	67–70	58–60	71–74	134	129–134	63–66	57–59	70–72	–
140	135–140	70–73	60–63	74–77	140	135–140	65–68	58–61	73–76	–
146	141–146	73–75	63–65	78–80	146	141–146	69–72	60–63	77–81	–
152	147–152	75–77	65–67	81–83	152	147–152	74–77	62–65	82–85	32
158	153–158	78–80	67–69	84–86	158	153–158	78–81	64–67	86–89	34
164	159–164	81–83	69–71	87–89	164	159–164	82–85	66–69	90–92	36
170	165–170	84–86	71–73	90–92	170	165–170	86–89	68–71	93–96	38
176	171–176	87–89	73–75	92–94	176	171–176	90–93	70–73	97–99	40
182	177–182	90–92	75–77	94–96	182	177–182	94–97	72–75	100–103	42

c) Schau in deine Kleidungsstücke. Stimmt die Kleidungsgröße mit der Körpergröße überein? ....
d) In der Größentabelle sind noch drei weitere Körpermaße angegeben.
Messt auch diese nach und vergleicht mit den Tabellenwerten.

Brustumfang: .... Taillenumfang: .... Hüftumfang: ....

2 Fülle den Größenpass aus. Miss dazu auch die anderen Größen nach.

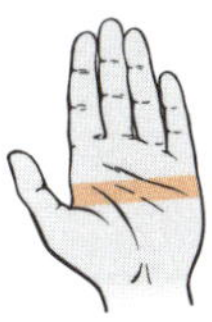

Handschuhe

Umfang (cm)	15	16	17	17,5	19	20,5	22	23	24
Größe	4	5	6	6¼-6½	6¾-7	7¼-7½	7¾-8	8¼-8½	8¾-9

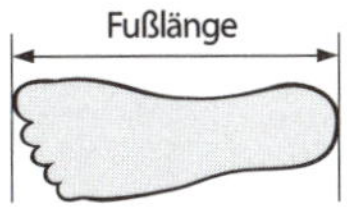

Schuhe

Deutsche Größen	30	31	32	33	34	35	36	37	38	39	40
Fußlänge bis…cm	-18,7	-19,4	-20,1	-20,7	-21,4	-22,1	-22,7	-23,4	-24,1	-24,7	-25,4

Größenpass

Name: ....

Alter: .... *Jahre* *Gewicht:* .... *kg*

Körpergröße: .... *cm* *Kleidungsgröße:* ....

Brustumfang: .... *cm* *Taillenumfang:* .... *cm*

Hüftumfang: .... *cm*

Fußlänge: .... *cm* *Schuhgröße:* .... *cm*

Kopfumfang: .... *cm*

Handumfang: .... *cm* *Handschuhgröße:* ....

Gemessen und gewogen am: ....

3 In jedem Kleidungsstück befindet sich ein Schildchen.
a) Welche Angaben außer der Größe findest du darauf noch?

....

b) Notiere weitere Angaben aus Kleidungsstücken und finde heraus, was sie bedeuten. ....

....

....

....

1 Trage die fehlenden Maßeinheiten ein.

Jeden Morgen fährt Eike mit dem Bus zur Schule. Bis zur Bushaltestelle läuft sie 400 .... Dort wartet schon Moritz auf sie, der ganze 5............größer ist, obwohl er ein halbes Jahr jünger ist. Der Bus fährt 4,5............ bis zur Haltestelle ihrer Schule. Von der Bushaltestelle aus müssen sie noch einen Fußweg von 150............ bis zum Schultor zurücklegen. Vor der ersten Stunde klemmt Eike noch ein Stück Papier unter ihr rechtes Stuhlbein. Nun ist der Stuhl auf der einen Seite 6............ höher und wackelt nicht mehr. Von Eikes Platz bis zur Tafel sind es 7............ Mit der neuen Brille kann sie jetzt auch wieder die etwa 4............ großen Zahlen darauf erkennen.

Tipp

Kilometer (km)
1 km = 1000 m
Meter (m)
1 m = 10 dm
Dezimeter (dm)
1 dm = 10 cm
Zentimeter (cm)
1 cm = 10 mm
Millimeter (mm)

Im Alltag werden Längenangaben häufig in der **Komma-** oder **Bruchschreibweise** angegeben.

km	m H	 Z	 E	dm	cm	mm
7	5					
			4	5	5	
				1	2	8

7,5 km = 7,500 km = 7500 m
4,55 m = 455 cm
12,8 cm = 128 mm

$\frac{1}{2}$ m = 50 cm $\frac{3}{4}$ km = 750 m

2 Schätze die Längen der Tiere und ordne sie richtig zu.

Bison: .... Igel: ....
Delfin: .... Karpfen: ....
Eidechse: .... Löwe: ....
Hausmaus: .... Pottwal: ....
Hecht: .... Ringelnatter: ....

1000 mm; 20 dm; 0,5 m; 300 cm; 20 m; 12 cm; 3 dm; 20 cm; $1\frac{1}{2}$ m; 3,6 m

3 Wandle in die angegebenen Einheiten um.

a) 4 km = ... m
563 km = ... m
21 m = ... cm
9 cm = ... mm
73 dm = ... cm

b) 54 m 83 cm = ... cm
6 km 741 m = ... m
9 dm 2 cm = ... cm
4 cm 7 mm = ... mm
82 km 5 m = ... m

c) 23 m 20 cm = ... cm
4 m 5 cm = ... cm
6 cm 8 mm = ... mm
36 m 2 dm = ... cm
92 dm 1 cm = ... cm

4 Dieses Arbeitsheft hat eine Höhe von 297 mm und eine Breite von 210 mm. Susannes Zimmer ist 4,6 m lang und 295 cm breit. Der Schulhof ist 74,6 m breit. Der Schulweg von Matthias ist 4,75 km lang. Übertrage die Angaben in die Tabelle und wandle sie dann in die unten angegebene Einheit um.

a) .... cm b) .... mm
c) .... m .... cm d) .... m
e) .... m .... cm f) .... m

	km	m H	 Z	 E	dm	cm	mm
a) Höhe des Arbeitsheftes							
b) Breite des Arbeitsheftes							
c) Länge des Zimmers							
d) Breite des Zimmers							
e) Breite des Schulhofs							
f) Länge des Schulwegs							

5 Schreibe mit Komma.

a) 350 cm = ... m
5 m 5 dm = ... m
20 m 20 cm = ... m

b) 1275 mm = ... cm
5 m 5 cm = ... m
20 m 20 dm = ... m

c) 12 dm = ... m
5 m 5 mm = ... m
20 m 20 mm = ... m

6 Schreibe ohne Komma.

a) 4,75 m = ... cm
1,8 km = ... m
2,5 dm = ... cm

b) 4,06 km = ... m
0,4 km = ... m
1,2 cm = ... mm

c) 13,3 dm = ... mm
2,5 dm = ... cm
4,75 m = ... mm

7 Setze <, = oder > richtig ein.

a) 5,5 cm ☐ 55 mm
5,5 km ☐ 5 km 5 m
5,05 m ☐ 5 m 5 cm

b) 24 dm ☐ 224 cm
24 cm ☐ 2,4 m
2,4 cm ☐ 240 mm

c) 8,6 km ☐ 8 km 60 m
8,66 m ☐ 860 cm
0,86 km ☐ 86 dm

8 Ergänze die fehlenden Maßeinheiten oder Maßzahlen.

a) 8,5 km = 8 .... 500 ....
4 dm 4 mm = ... cm

b) 80,7 m = 807 ....
6 km .... m = 6,06 ....

c) 7,05 km = ... km 50 ....
5 m 500 mm = ... cm

9 Ordne die Längen der Reihenfolge nach. Beginne mit der kleinsten Länge.

a) 1,1 km; 1010 m; 1,001 km; 1101 m: ....

b) 2 m 3 dm; 233 cm; 2,03 m; 22 dm: ....

c) 4 dm 5 mm; 45 cm; 45,5 cm; 445 mm: ....

d) 989 cm; 8998 mm; 89,9 dm; 9,98 m: ....

10 Markiere die Längenangaben am Maßband (siehe Beispiel).

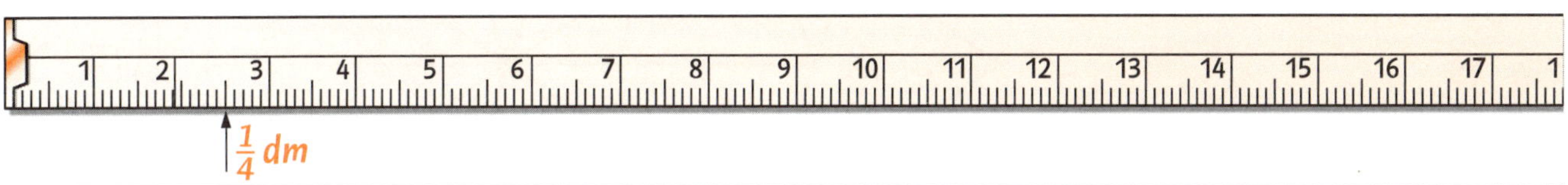

a) $\frac{1}{2}$ dm   b) $\frac{1}{2}$ cm   c) $\frac{3}{4}$ dm   d) $1\frac{1}{2}$ dm   e) $1\frac{1}{4}$ dm   f) $16\frac{1}{2}$ cm

11 Welche der folgenden Angaben stimmen mit dem ersten Wert überein? Kreuze die richtigen an.

a) **25 cm:**	☐ 2 dm 5 cm	☐ 0,25 m	☐ $\frac{1}{4}$ dm	☐ $\frac{1}{4}$ m	☐ 250 mm
b) **75 m:**	☐ $\frac{3}{4}$ km	☐ $\frac{3}{4}$ dm	☐ 0,75 km	☐ 750 dm	☐ 0,075 km
c) **15 dm:**	☐ 150 cm	☐ 0,015 km	☐ $1\frac{1}{2}$ m	☐ $1\frac{1}{2}$ cm	☐ 1,5 m
d) **125 cm:**	☐ $1\frac{1}{4}$ m	☐ 12 dm 5 cm	☐ 12,5 m	☐ 12,5 dm	☐ 1,25 m

12 [✓] Rechne im Kopf. Sind in der Aufgabe zwei Einheiten genannt, so gib das Ergebnis in der größeren an.

a) 92 dm + 4 dm = ...
6 cm + 72 mm = ...
31 km + 500 m = ...
67 m + 9 km = ...
12 dm + 12 cm = ...

b) 7 cm − 3 mm = ...
32 km − 9 m = ...
10 km − 330 m = ...
10 dm − 4 cm = ...
99 m − 99 dm = ...

c) 12 cm · 5 = ...
25 m · 5 = ...
10,20 m · 4 = ...
5,50 m · 6 = ...
4,75 dm · 8 = ...

d) 630 m : 7 = ...
39 cm : 3 = ...
92 dm : 4 = ...
121 m : 11 = ...
336 dm : 6 = ...

Ergebnisse
90 m; 13,2 cm; 13,2 dm; 56 dm; 89,1 m; 38 dm
6,7 cm; 33 m; 9,067 km; 9,6 dm; 31,5 km; 13 cm; 9,670 km; 96 dm; 60 cm; 40,8 m; 23 dm; 31,991 km; 125 m; 11 m;

13 [✓] **Überschlag**
Ordne richtig zu. Trage erst den Buchstaben des richtigen Überschlags, dann den der Lösung ein und du erhältst ein Lösungswort.

74 · 47
1852 + 648
287 · 69
1895 + 688
82 · 48
256 · 58
32946 : 114

Überschläge		Lösungen	
1900 + 700	S	2500	E
70 · 50	A	3936	Ä
1900 + 600	B	14848	T
300 · 70	I	2583	B
80 · 50	L	19803	T
300 · 60	T	3478	R
300000 : 100	E	289	R

14 [●] **Rechenlabyrinth**
Finde den Weg durch das Labyrinth. Jedes Feld darf nur einmal betreten werden.

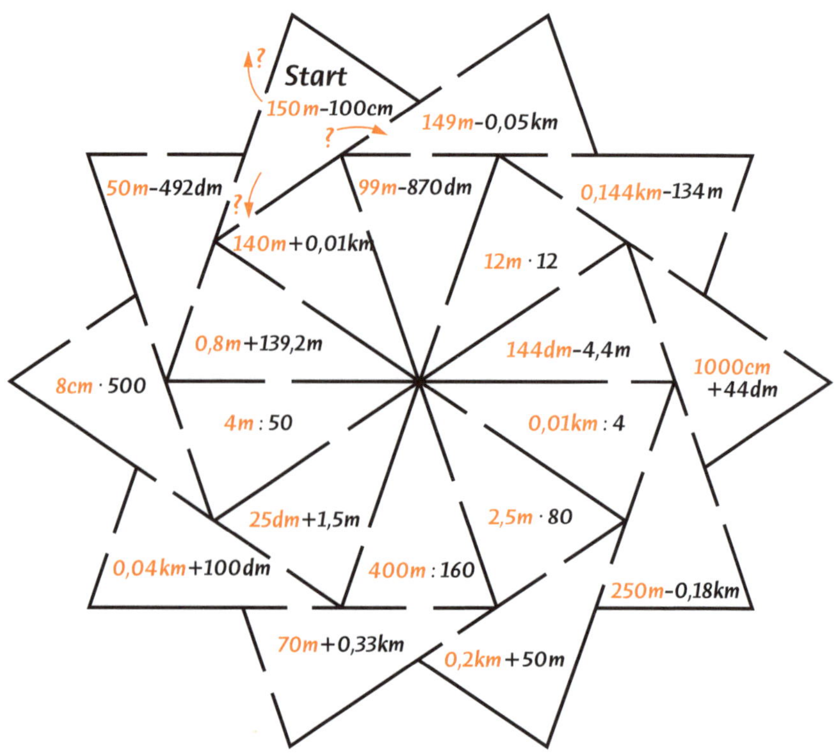

1 [✓] Wandle in die angegebenen Einheiten um.

a) 3 min = ... s

5 h = ... min

600 min = ... h

2 d = ... h

240 s = ... min

b) 72 h = ... d

540 min = ... h

50 h = ... min

360 s = ... min

6 d = ... h

c) 7200 s = ... h

1440 min = ... d

1 h = ... s

12 h = ... d

2 d = ... min

Ergebnisse

$\frac{1}{2}$, 3600, 4, 3000, 2, 180, 9, 1, 48, 3, 144, 300, 2880, 10, 6

2 [✓] Zeitquiz

Trage die richtigen Ergebnisse zusammen mit den richtigen Lösungsbuchstaben in die Felder ein.

Rechne 6 h in die nächstkleinere Einheit um.			8 min	H
Rechne $2\frac{1}{2}$ Tage in Stunden um.			3 h	N
$4\frac{1}{4}$ h = . . . min			90 min	I
Welche Zeitspanne ist größer: $1\frac{1}{4}$ h oder 80 min?			160 min	E
Rechne $1\frac{1}{2}$ h in die nächstkleinere Einheit um.			360 min	I
Gib in Minuten an: 10 min weniger als 2 h.			$2\frac{1}{4}$ h	D
Rechne 480 s in die nächstgrößere Einheit um.			225 min	I
$1\frac{3}{4}$ h = . . . min			60 h	M
Rechne 10 800 Sekunden in Stunden um.			$1\frac{3}{4}$ h	E
Eine Dreiviertelstunde weniger als 3 Stunden.			75 min	Z
Welche Zeitspanne ist größer: $2\frac{1}{2}$ h oder 160 min?			80 min	E
Wie viele Stunden haben $3\frac{1}{2}$ Tage?			$2\frac{1}{2}$ h	T
Gib in Minuten an: $\frac{1}{2}$ Stunde länger als $\frac{3}{4}$ Stunden.			255 min	Z
Welche Zeitspanne ist kleiner: $1\frac{3}{4}$ h oder 110 min?			110 min	C
Gib $3\frac{3}{4}$ h in min an.			84 h	R
Die Zeitspanne von $1\frac{3}{4}$ h wird um $\frac{3}{4}$ h verlängert.			105 min	E

Wenn du richtig gerechnet hast, erhältst du eine Redensart als Lösung.

__ __   __ __ __ __ __ __ __   __ __ __   __ __ __ __

3 Zeichne die Zeiger der Uhren ein und notiere die Uhrzeiten.

a)
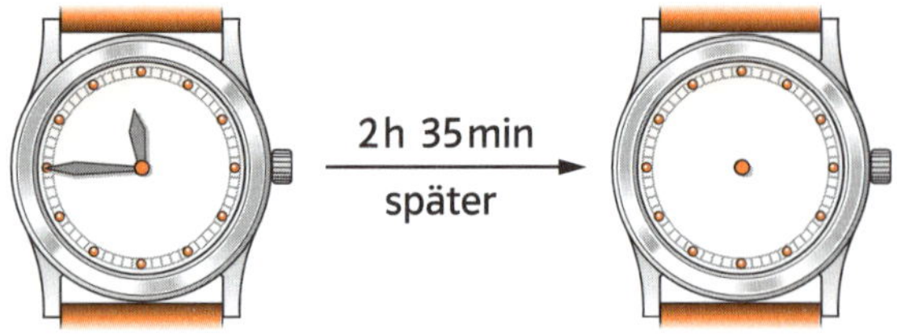

b)
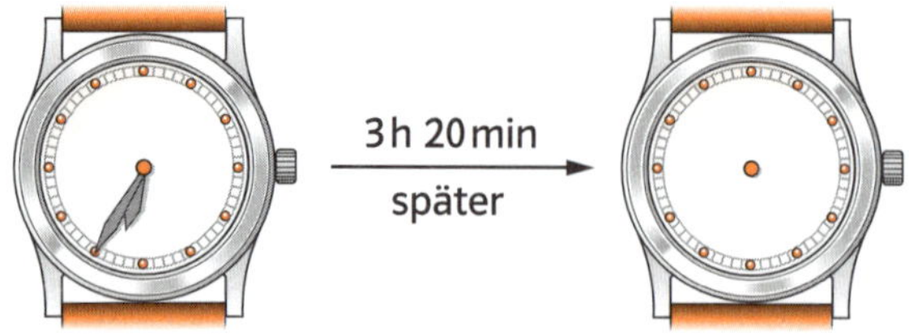

c)
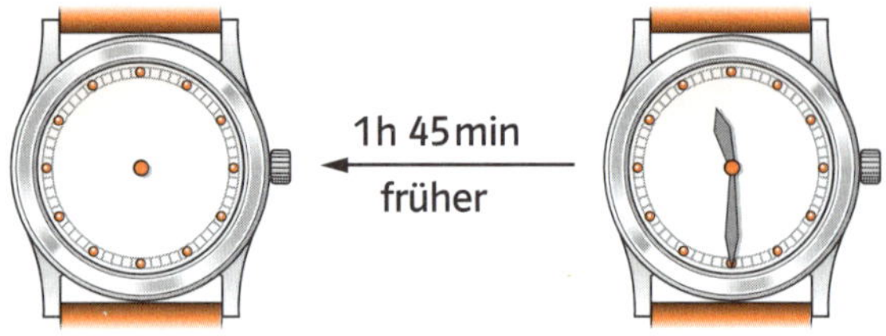

d)
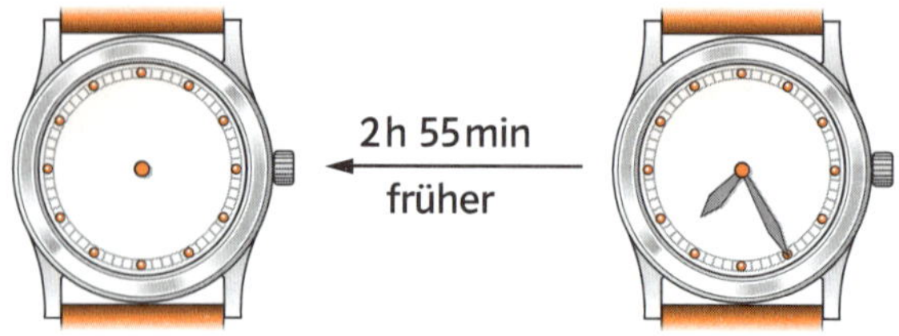

4 Trage die fehlenden Angaben ein.

Abfahrt	Fahrtdauer	Ankunft
8.00 Uhr	.... h .... min	12.15 Uhr
8.25 Uhr	4 h 30 min	.... Uhr
.... Uhr	3 h 20 min	11.50 Uhr
10.15 Uhr	.... h .... min	16.25 Uhr

Abfahrt	Fahrtdauer	Ankunft
3.34 Uhr	5 h 24 min	.... Uhr
5.17 Uhr	.... h .... min	9.05 Uhr
6.28 Uhr	.... h .... min	12.08 Uhr
.... Uhr	6 h 47 min	18.08 Uhr

Programmübersicht
des Senders „TV 2000"

6.30	Frühprogramm
8.00	TV 2000 Morgenschau
8.12	Unser Lehrer Dr. Fink (Serie)
9.00	Das Reisemagazin
10.10	Comic-Show
11.05	Weiße Weste – Rote Robe (Mode)
12.00	TV 2000 Mittagsschau
12.45	Sport vom Tag
13.20	Top Ten (Musiksendung)
14.50	Ringelblume (Wissenschaft)
15.35	Knobli & Co (Kinderprogramm)
17.00	Zick Zack Zuck (Quizshow)
18.15	Sandmännchen
20.00	TV 2000 Abendschau
20.15	Agent 008 (Spielfilm)
21.55	Comedy 2000 (Comedyshow)
22.40	Zwanzig vor Elf (Talkshow)
23.25	Nachtprogramm

5 a) Wie lange dauern die Sendungen?

Unser Lehrer Dr. Fink ....

Comic-Show ....

Sport vom Tag ....

Ringelblume ....

Agent 008 ....

b) Wie viel Sendezeit nehmen die Nachrichtensendungen insgesamt in Anspruch?
(TV 2000 Morgen-, Mittag- und Abendschau)

1 Lilla beschreibt ihren Schulweg so:

Jeden Morgen um 7.15 Uhr gehe ich von zu Hause los. Als Erstes hole ich meinen Freund und Klassenkameraden Oliver ab. Zusammen gehen wir dann zur Straßenbahnhaltestelle. Meistens ist die Bahn pünktlich um 7.40 Uhr da. Die Straßenbahn braucht 10 Minuten bis zur Haltestelle am Schulhof. Im Klassenzimmer sind wir ca. 10 Minuten später, rechtzeitig zum Beginn der ersten Stunde um 8.00 Uhr.

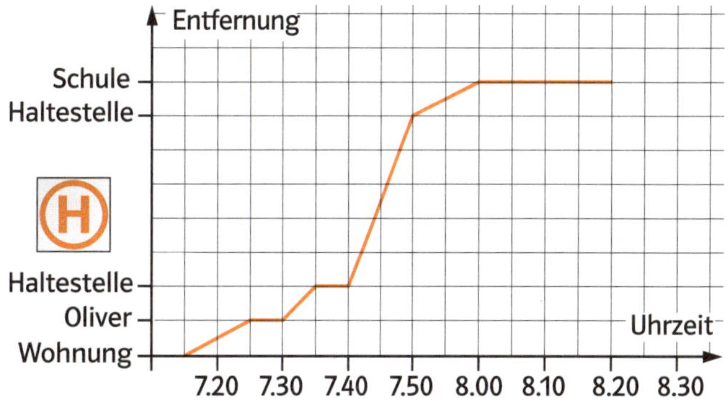

a) Wie viele Minuten braucht Lilla für den Weg zu Oliver? ....

b) Wie lange hält sich Lilla noch bei Oliver auf, bis sie gehen? ....

c) Wo sind Lilla und Oliver um 7.35 Uhr? ....

d) Wann genau kommt die Straßenbahn an der Schule an? ....

e) Wie viel Zeit bleibt den beiden noch in der Klasse, bis die Stunde beginnt? ....

2 Angela geht am Nachmittag ins Schwimmbad. Sie erzählt:

Um 14.45 Uhr muss ich von zu Hause losgehen, denn um 14.55 Uhr fährt der Bus. Um 15.20 Uhr hält er an der Haltestelle „Schwimmbad". Im Kiosk neben der Haltestelle kaufe ich mir noch eine Zeitschrift, so dass ich etwa 5 Minuten später zum Haupteingang des Schwimmbades gehen kann. Dort treffe ich um 15.30 Uhr meine Freundin Karla, mit der ich mich zum Schwimmen verabredet habe.

Vervollständige das Weg-Zeit-Diagramm zu Angelas Beschreibung.

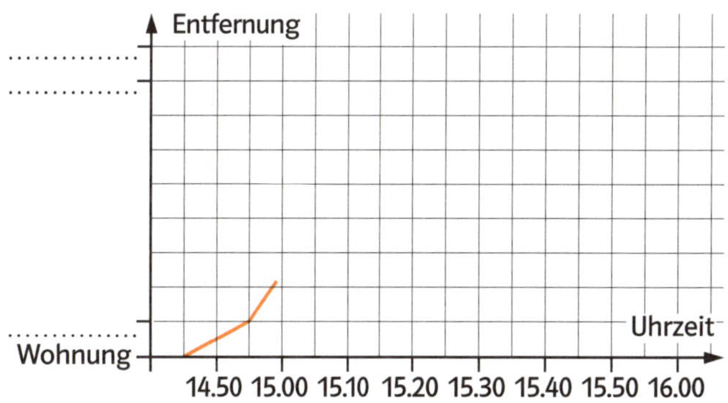

3 Uwe hat sich mit seinen Freunden zum Eis essen verabredet. Er erzählt:

....

....

....

....

....

....

....

....

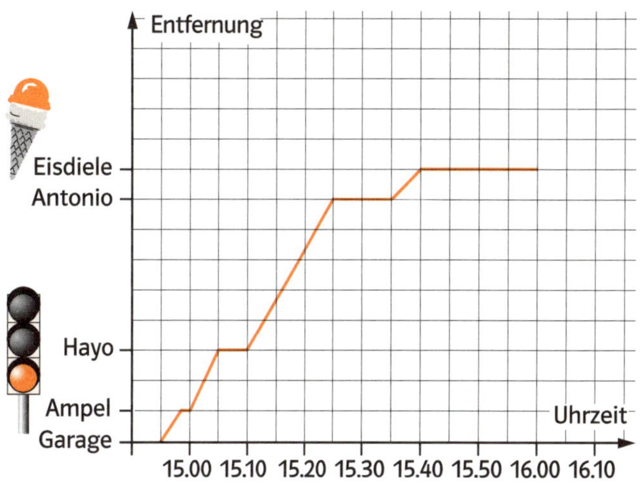

....

....

....

Überlege mithilfe des Lernrückblicks, ob du alles verstanden hast.

1 a) Mit Längen kenne ich mich aus, denn ich kann ....

....

....

b) Beispiele dafür sind

c) Beim Rechnen mit Längen achte ich darauf, dass ....

....

....

2 a) Mit Zeiten kenne ich mich aus, denn ich kann ....

....

....

b) Beispiele dafür sind

c) Beim Rechnen mit Zeiten achte ich darauf, dass ....

....

....

3 a) Im Koordinatensystem kann ich ....

....

b) Mit „Weg-Zeit-Diagrammen" kenne ich mich aus, denn ich kann ....

....

....

4 Entscheide dich.

☐ Ich fühle mich fit im Bereich „Länge und Zeit" und mache den Test auf der nächsten Seite.

☐ Bevor ich den Test mache, übe ich erst noch Folgendes: ....

....

▻ Schülerbuch, Seite 47 bis 74

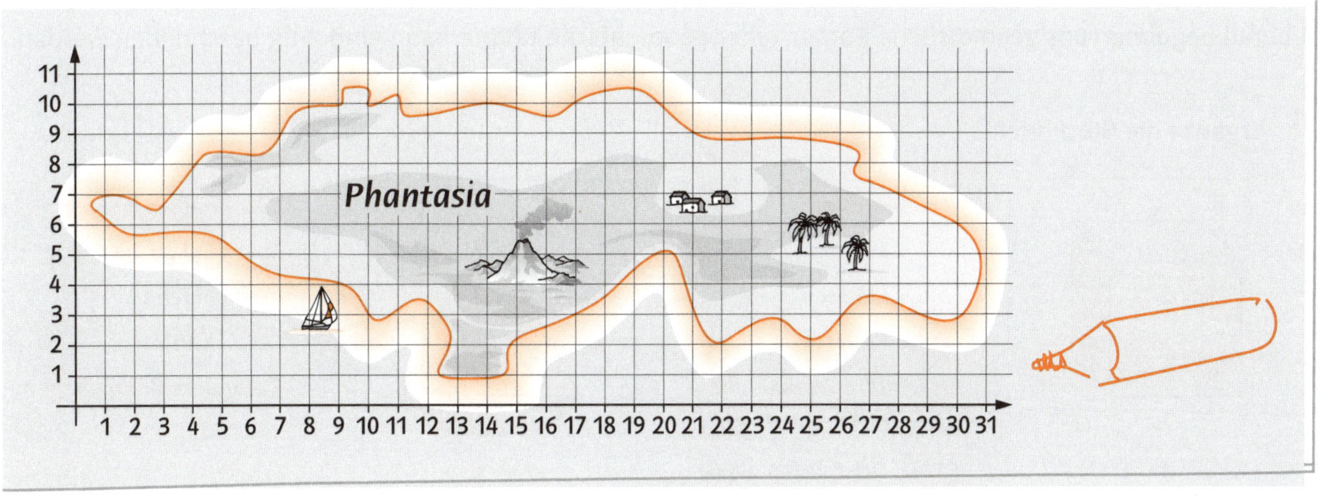

[einfach]

1 Trage die Orte in das Quadratgitter des Landes Phantasia ein:

Amüsia:	A(6|7)
Bandonia:	B(14|2)
Canonia:	C(22|4)
Demokratia:	D(30|5)

2 Wandle um.

5 km = ... m

200 mm = ... m

4 h = ... min

120 s = ... min

3 Rechne im Kopf.

17 cm + 42 cm = ... cm

40 cm − 5 cm = ... cm

2 km − 500 m = ... m

12 m · 3 = ... mm

1 km : 4 = ... m

4 Ergänze.

Abfahrt	Dauer	Ankunft
8.00 Uhr	1 h 30 min	.... Uhr
6.15 Uhr	2 h 30 min	.... Uhr
12.30 Uhr	4 h 45 min	.... Uhr

[mittel]

1 Trage die Orte in das Quadratgitter des Landes Phantasia ein:

Canonia:	C(22|4)
Demokratia:	D(30|5)
Wissensia:	W(9|9)
X-Beliebia:	X(15|8)

2 Wandle um.

8 km = ... m

3 d = ... h

1500 m = ... km

360 s = ... min

3 Rechne im Kopf.

87 cm + 45 cm = ... cm

40 cm − 5 mm = ... mm

4,6 km − 700 m = ... km

450 m · 3 = ... km

75 dm : 5 = ... cm

4 Ergänze.

Abfahrt	Dauer	Ankunft
8.45 Uhr	4 h 10 min	.... Uhr
7.15 Uhr	.... h .... min	8.55 Uhr
13.40 Uhr	.... h .... min	16.05 Uhr

[schwieriger]

1 Trage die Orte in das Quadratgitter des Landes Phantasia ein:

Wissensia:	W(9|9)
X-Beliebia:	X(15|8)
Ypsilonia:	Y(22|6)
Zitronia:	Z(8|6)

2 Wandle um.

3 km = ... cm

5400 mm = ... m

$5\frac{1}{2}$ d = ... min

25 200 s = ... h

3 Ergänze im Kopf.

76 cm + 4,80 m = ... m

32 km − 32 m = ... km

5,05 km − 0,5 km = ... m

50 m · 50 = ... km

47,5 m : 2,5 m = ...

4 Ergänze.

Abfahrt	Dauer	Ankunft
8.45 Uhr	.... h .... min	9.25 Uhr
.... Uhr	4 h 32 min	12.10 Uhr
.... Uhr	3 h 48 min	14.32 Uhr

Überall begegnen uns geometrische Körper. Jeder geometrische Körper kann eindeutig beschrieben werden.

1 Ergänze die Steckbriefe.

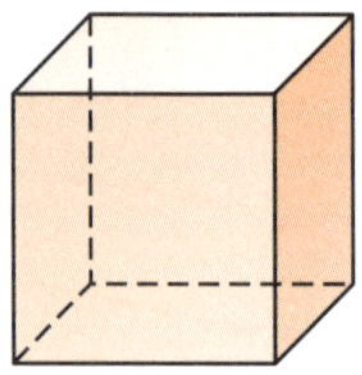

Würfel

Beschreibung

8 Ecken

6 Flächen

12 Kanten

Besondere Kennzeichen:

Die Flächen sind gleich groß, die Kanten sind gleich lang.

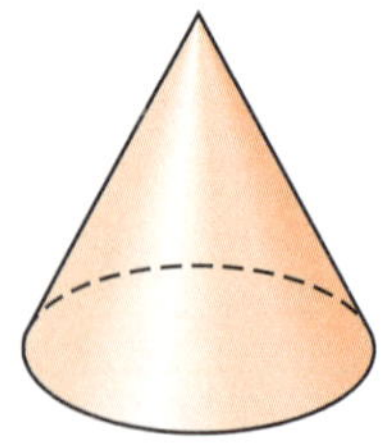

....

Beschreibung

.... Ecken

.... Flächen

.... Kanten

Besondere Kennzeichen:

....

....

....

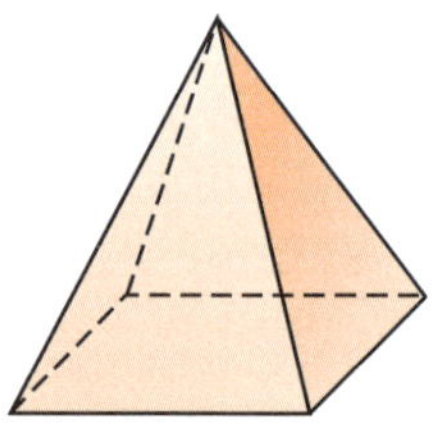

....

Beschreibung

.... Ecken

.... Flächen

.... Kanten

Besondere Kennzeichen:

....

....

....

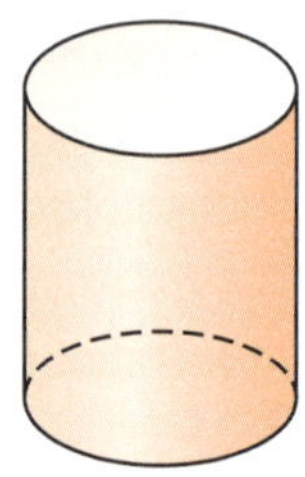

....

Beschreibung

.... Ecken

.... Flächen

.... Kanten

Besondere Kennzeichen:

....

....

....

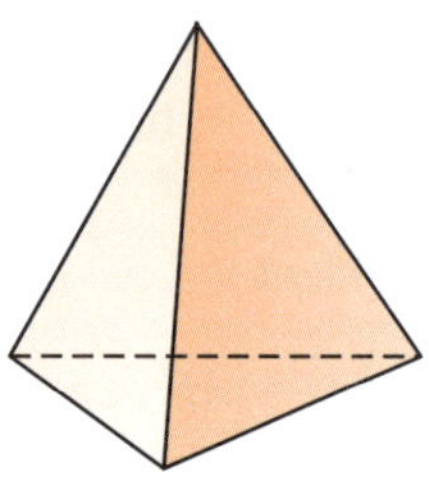

....

Beschreibung

.... Ecken

.... Flächen

.... Kanten

Besondere Kennzeichen:

....

....

....

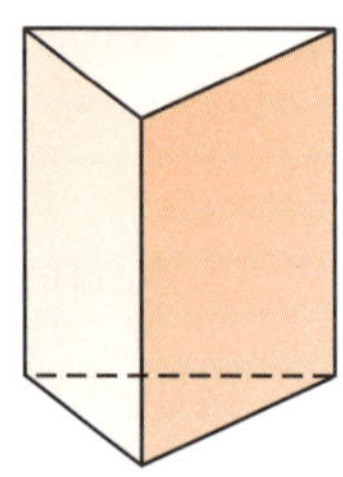

....

Beschreibung

.... Ecken

.... Flächen

.... Kanten

Besondere Kennzeichen:

....

....

....

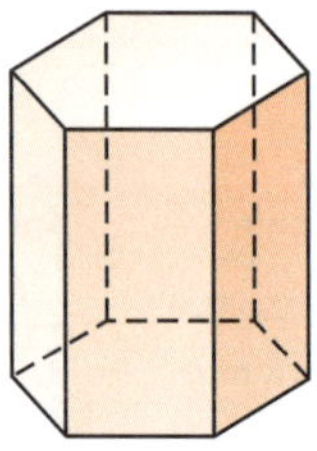

....

Beschreibung

.... Ecken

.... Flächen

.... Kanten

Besondere Kennzeichen:

....

....

....

....

Beschreibung

.... Ecken

.... Flächen

.... Kanten

Besondere Kennzeichen:

....

....

....

2 Wie viele Ecken, Kanten und Flächen haben die Körper?

a)

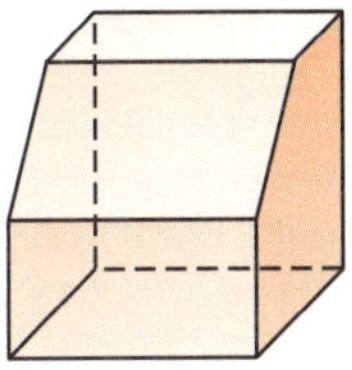

Ecken ....
Kanten ....
Flächen ....

b)

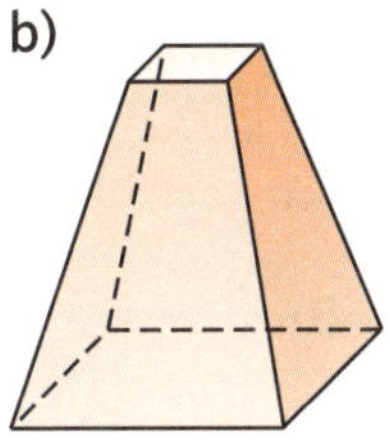

Ecken ....
Kanten ....
Flächen ....

c)

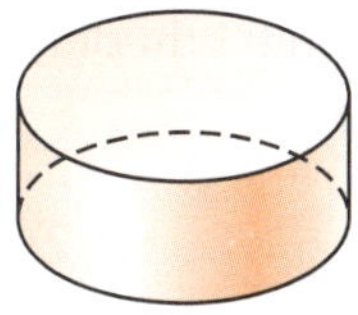

Ecken ....
Kanten ....
Flächen ....

d) [●]

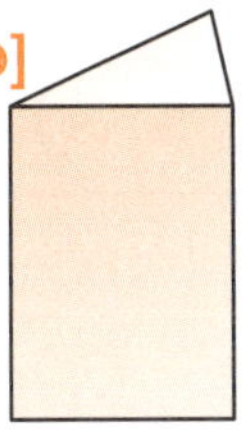

Ecken ....
Kanten ....
Flächen ....

e) [●]

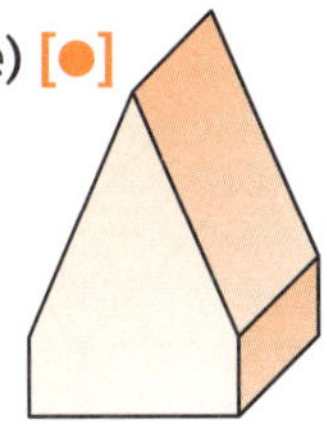

Ecken ....
Kanten ....
Flächen ....

f) [●]

Ecken ....
Kanten ....
Flächen ....

3 [✓] Aus wie vielen kleinen Würfeln wurden die Figuren zusammengesetzt? Zur Kontrolle findest du die richtigen Antworten unter den Zahlen in der Ergebnisbox am Ende der Aufgabe.

a) ◯

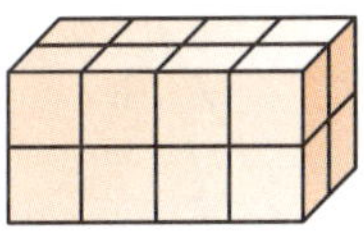

b) ◯

c) ◯

d) ◯

e) ◯

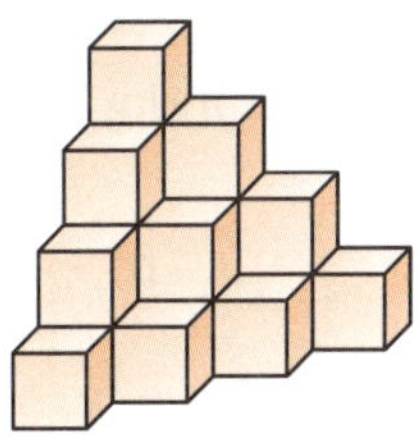

f) ◯

g) ◯

h) ◯

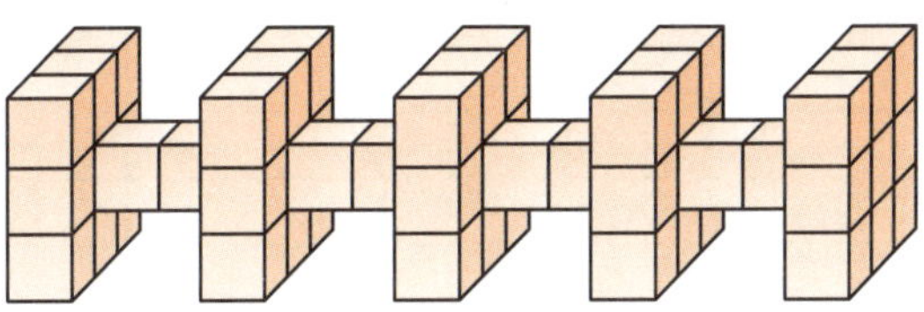

i) ◯

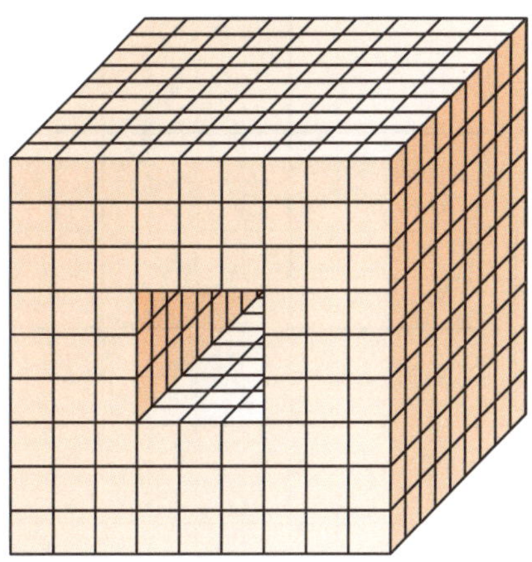

Ergebnisse

9, 57, 48, 16, 54, 6, 20, 40, 14,
30, 20, 648, 35, 53

1 Welcher Körper gehört zu welchem Netz?
Wenn du den Netzen die Buchstaben der richtigen Körper zuordnest, erhältst du den Namen des nebenstehenden Körpers.

.... ?

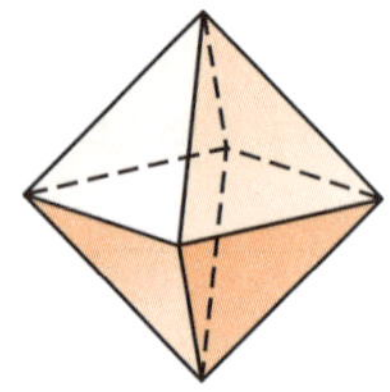

1)

2)

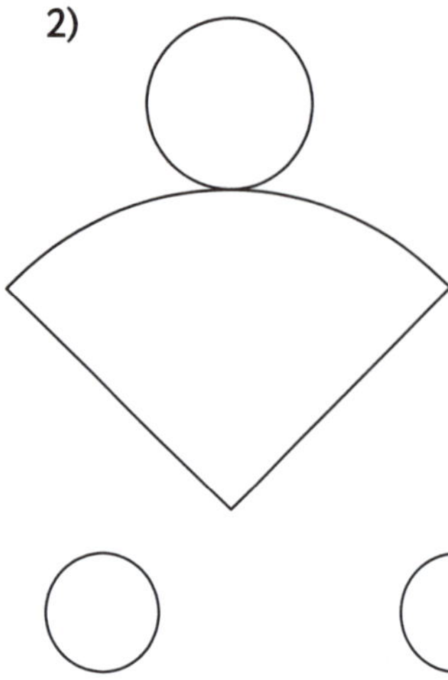

3)

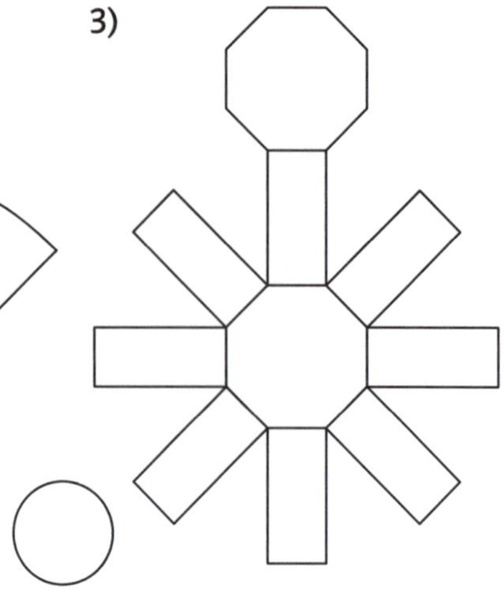

4)

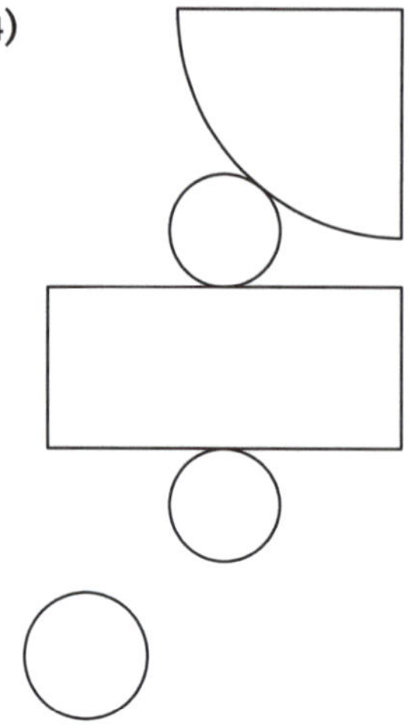

ER

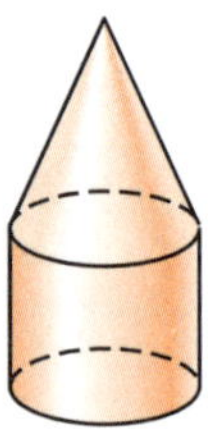

Kegelturm

TA

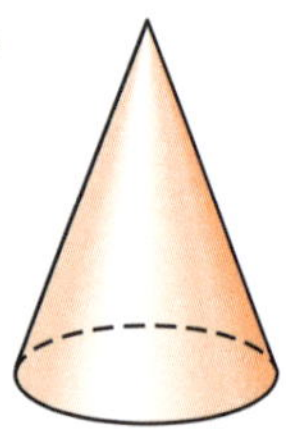

Kegel

ED

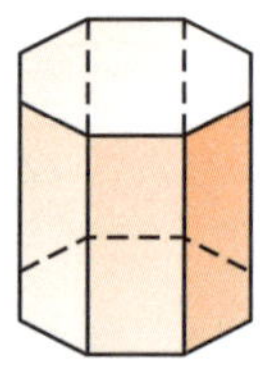

Achteckssäule

OK

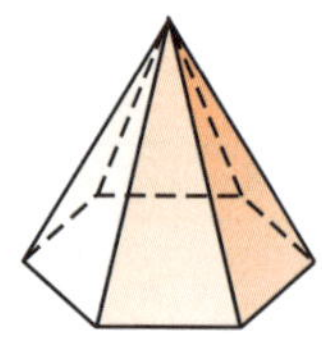

Sechseckspyramide

2 Die Netze der abgebildeten Körper wurden nicht vollständig gezeichnet. Ergänze sie. Wie heißen die Körper?

a)

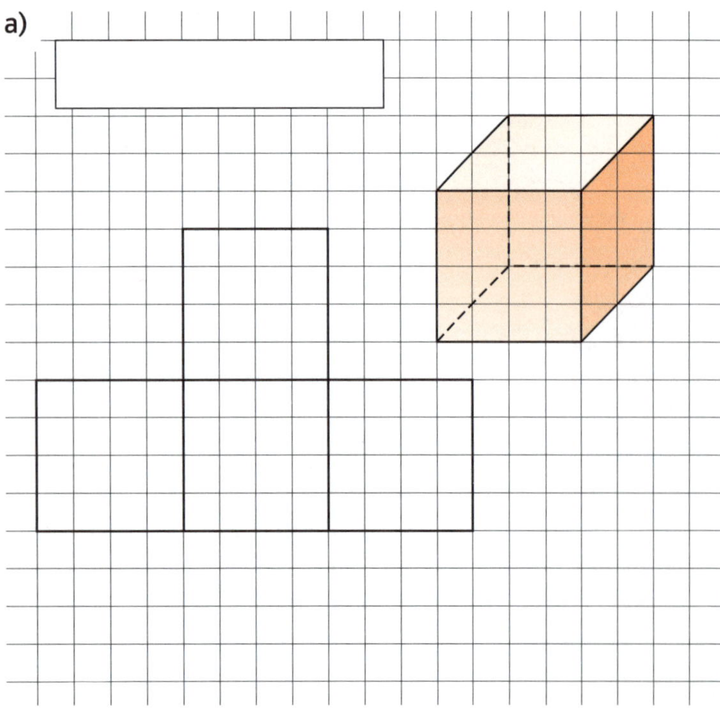

b)

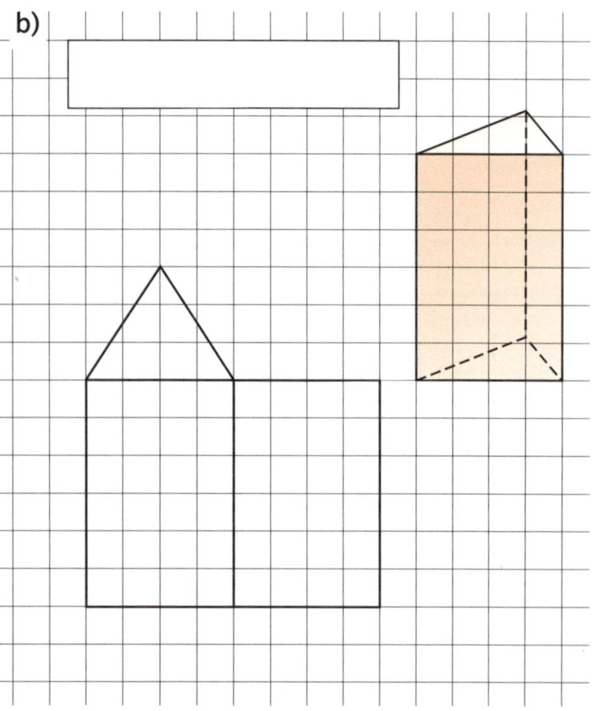

1 Zeichne senkrechte Geraden ein, die durch die vorgegebenen Punkte gehen.

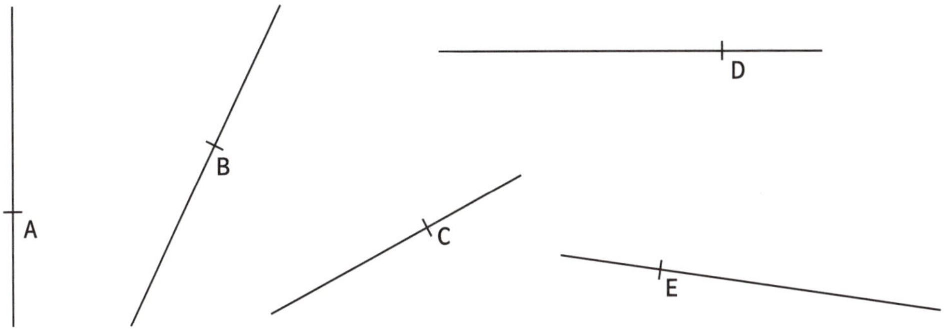

Tipp

zueinander senkrechte Geraden

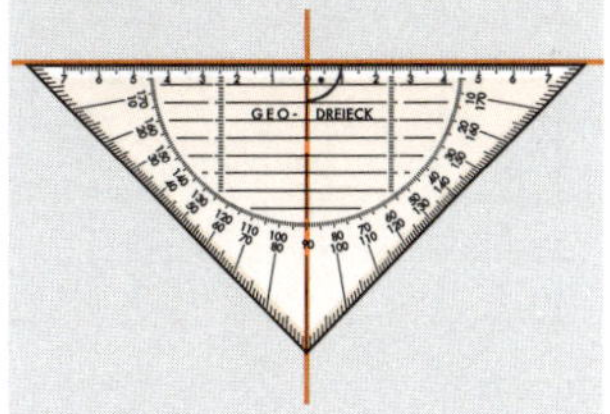

2 a) Zeichne mehrere zu g parallele Geraden.

Tipp

zueinander parallele Geraden

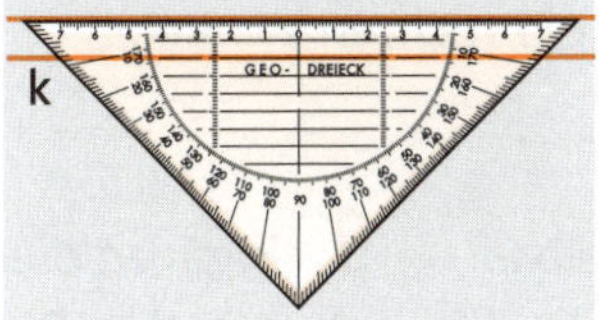

b) Zeichne zu h parallele Geraden, die durch die gekennzeichneten Punkte verlaufen.

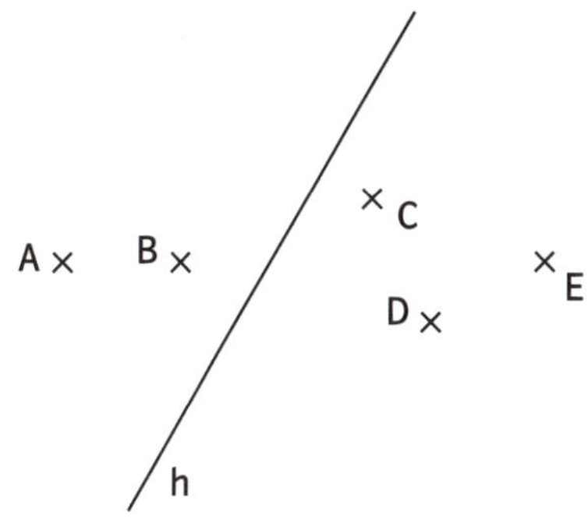

3 Welche Geraden sind zueinander parallel, welche stehen senkrecht aufeinander? Überprüfe mit dem Geodreieck.

	a	b	c	d	e	f
a						
b	∥					
c	⊥					
d						
e						
f						

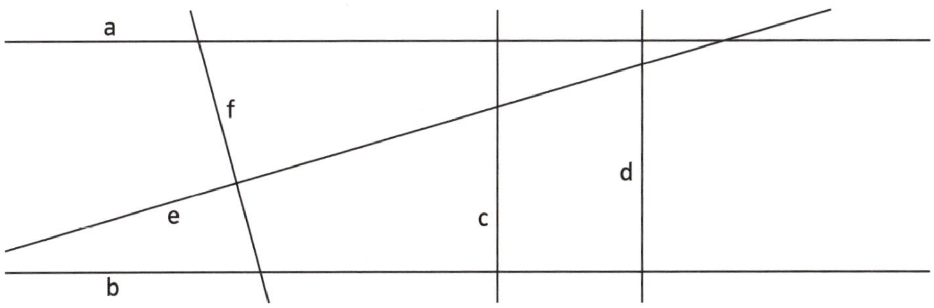

4 Welche Seiten des Quadrates sind zueinander parallel, welche sind zueinander senkrecht? Kreuze an.

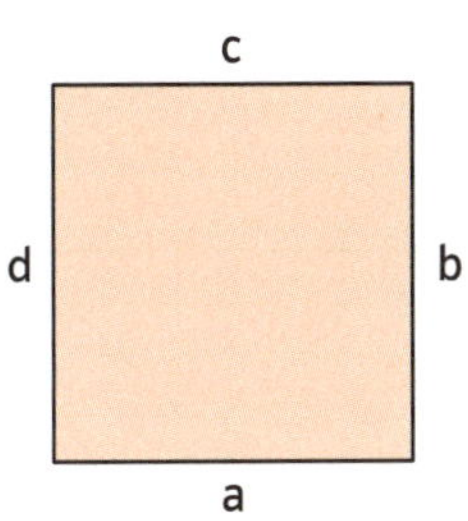

- ☐ a ∥ b
- ☐ a ∥ c
- ☐ a ∥ d
- ☐ b ∥ c
- ☐ b ∥ d
- ☐ c ∥ d
- ☐ a ⊥ b
- ☐ a ⊥ c
- ☐ a ⊥ d
- ☐ b ⊥ c
- ☐ b ⊥ d
- ☐ c ⊥ d

5 Vervollständige die Quadernetze, indem du parallele und senkrechte Linien sinnvoll ergänzt.

a)

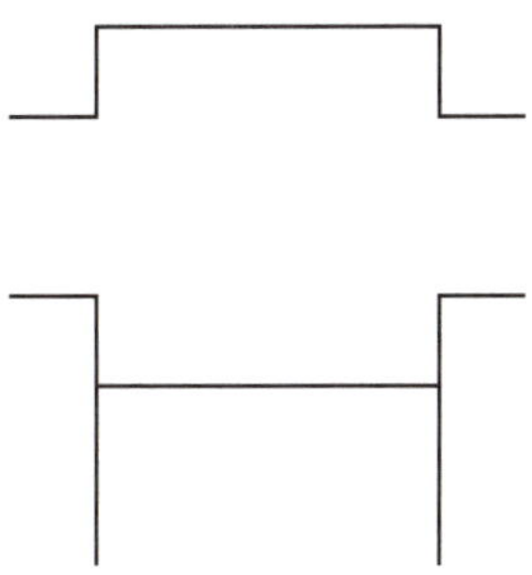

b)

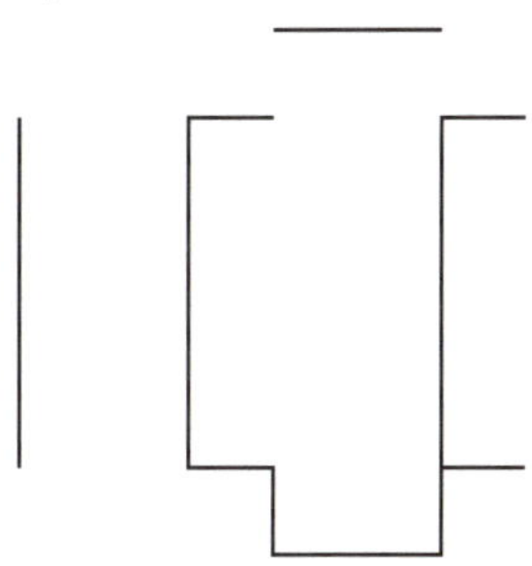

 ▻ Schülerbuch, Seite 85 bis 87

1 **Vierecke im Koordinatensystem**

a) Zeichne die Eckpunkte des Vierecks und verbinde sie.
A(2|4), B(10|5), C(12|11), D(3|10)

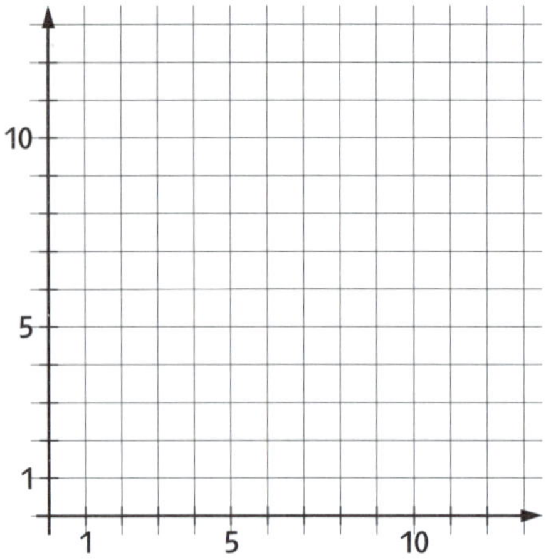

Das entstandene Viereck ist

....

Färbe zueinander parallele Seiten in der gleichen Farbe ein.

b) Drei Eckpunkte des Rechtecks sind gegeben:
A(3|1), B(11|1), D(3|13).

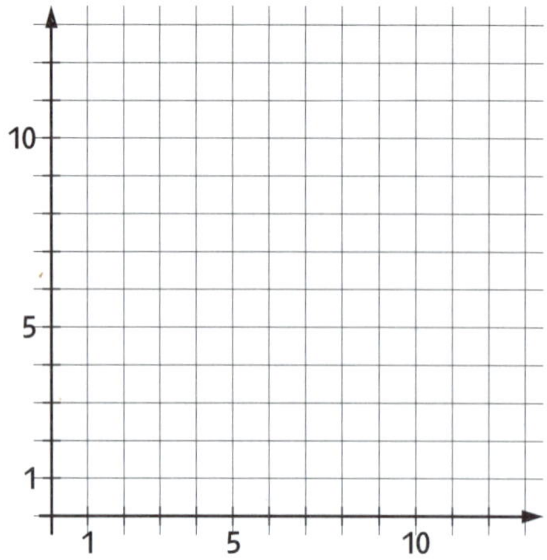

Der vierte Eckpunkt ist der Punkt C(.........|.........).
Markiere die rechten Winkel.

c) Zeichne die Eckpunkte des Vierecks und verbinde sie.
A(1|1), B(10|3), C(12|12), D(3|10)

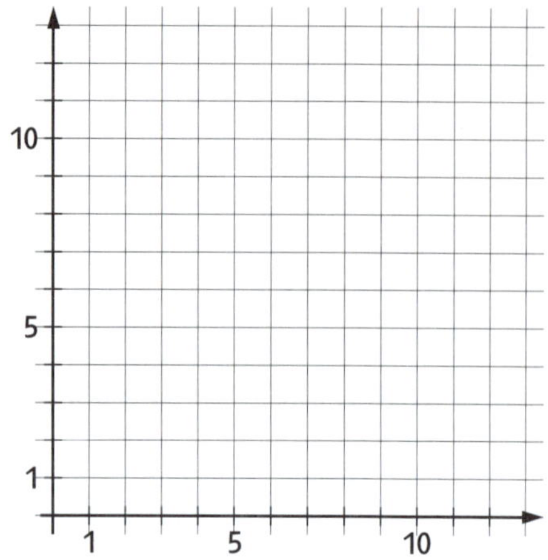

Das entstandene Viereck ist

....

Färbe gleich lange Seiten gleichfarbig rot ein.

2 a) Welche Vierecke lassen sich aus vier Streichhölzern legen?

....

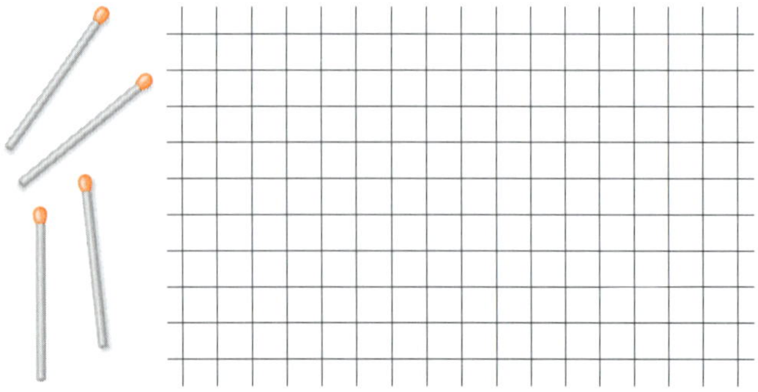

b) Welche Vierecke können aus zwei ganzen und einem in der Mitte durchgebrochenen Streichholz gelegt werden?

....

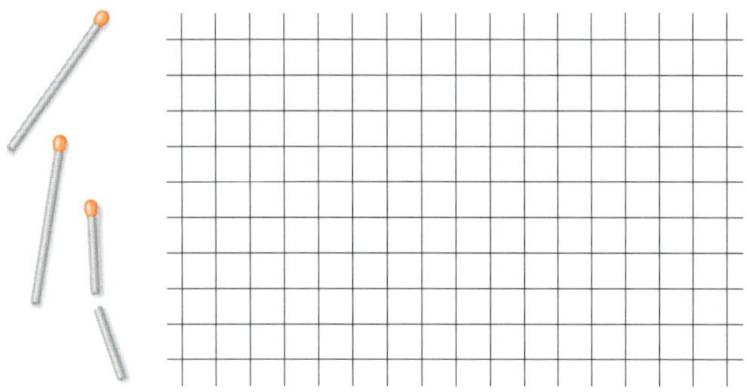

3 Ergänze die Figuren mit Geodreieck

a) zu einem Quadrat.

b) zu einer Raute.

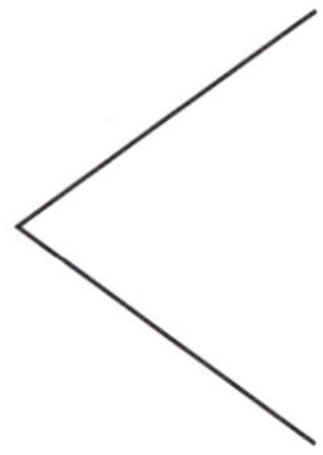

c) zu einem Parallelogramm.

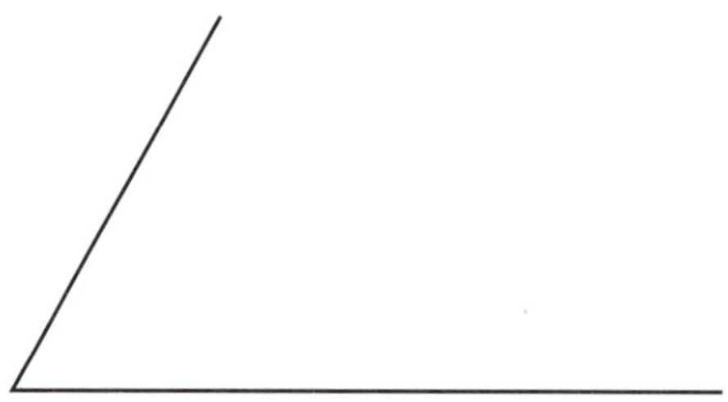

d) zu einem Parallelogramm.

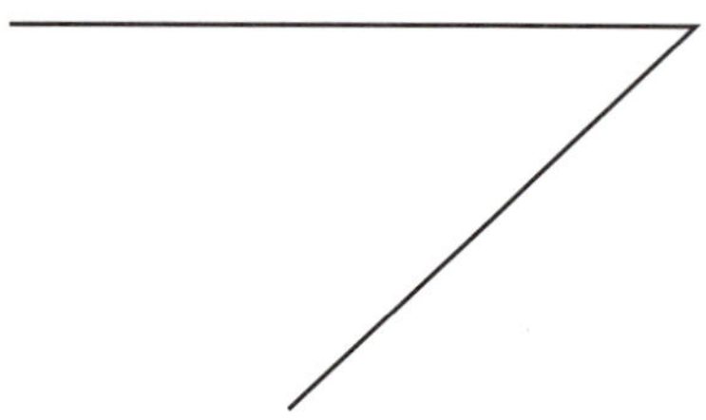

▻ Schülerbuch, Seite 88 bis 90

1 Vervollständige die Schrägbilder.

a)

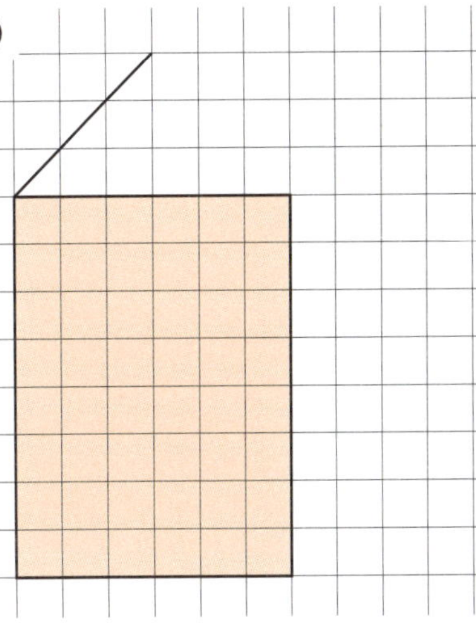

b)

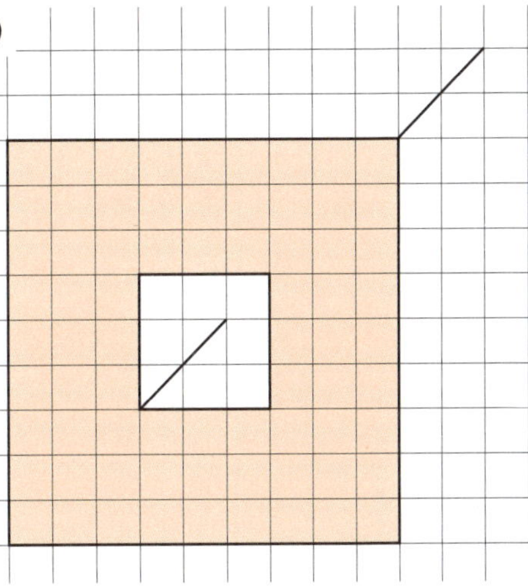

c)

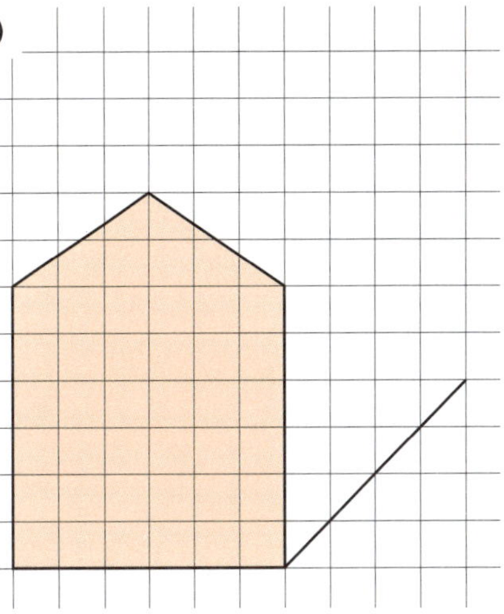

2 a) Ergänze die Schrägbilder der Buchstaben.

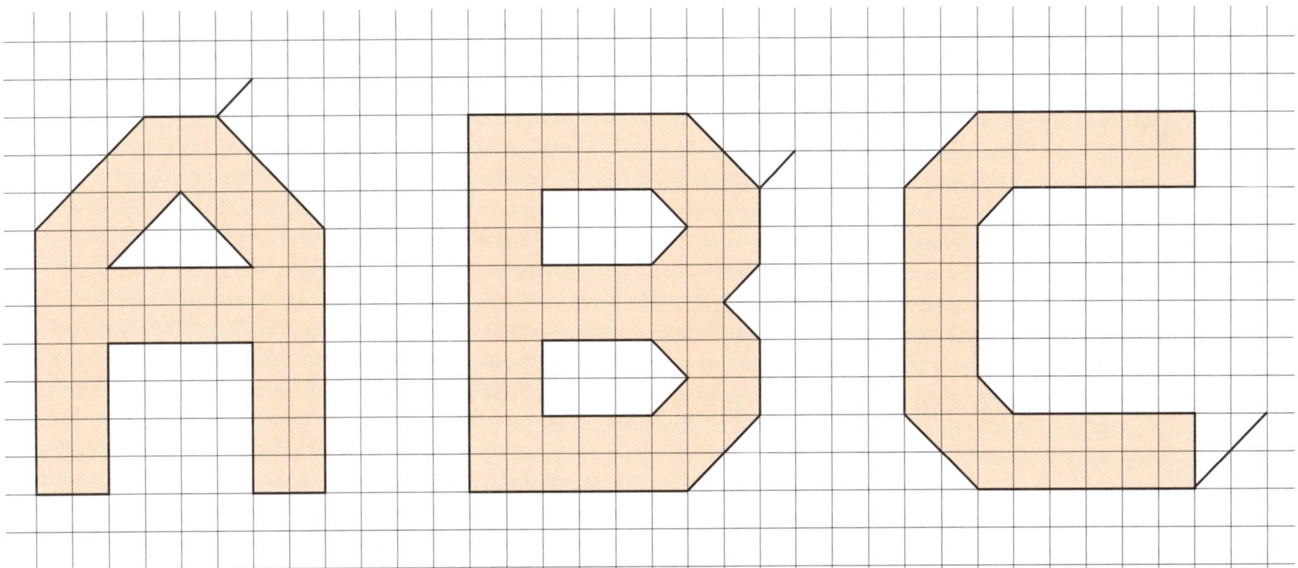

b) Zeichne weitere Schrägbilder von Buchstaben.

Lernrückblick

Überlege mithilfe des Lernrückblicks, ob du alles verstanden hast.

1 a) Ich kenne folgende Körper und ihre Eigenschaften:

b) Ich kann ihre Schrägbilder und Netze skizzieren, z. B.

c) Wenn ich ein Schrägbild zeichne, achte ich darauf, dass

d) Beim Zeichnen eines Netzes achte ich darauf, dass

2 Ich kenne folgende Vierecke und ihre Eigenschaften:

3 Entscheide dich.

☐ Ich fühle mich fit im Bereich „Flächen und Körper" und mache den Test auf der nächsten Seite.

☐ Bevor ich den Test mache, übe ich erst noch Folgendes:

Beilage zum Arbeitsheft 5

mathe live

Mathematik für Sekundarstufe I

Lösungen

Auftakt

Seite 2/3

Magische Dreiecke

```
    1              1              1
  6   4          7   6          7   4
3   2   5      2   5   3      3   2   6
```

Zahlenmuster

Es gilt:
143 7 = 1000 bzw. 15873 7 = 111111

Labyrinthe

Das gesamte Labyrinth muss durchlaufen werden.
Schachbrettaufgabe
3 × 3-Feld: 14 Quadrate
4 × 4-Feld: 30 Quadrate
8 × 8-Feld: 204 Quadrate

Schwer, schwerer, am schwersten

Knobo ist am schwersten, dann folgen Knobold, Knobi und Knobine.

Bitte nichts verschütten

Als erstes wird der 3-Liter-Krug gefüllt, der Inhalt dann in den 5-Liter-Krug gefüllt. Nun wird nochmals der 3-Liter-Krug gefüllt und soviel in den 5-Liter-Krug umgefüllt, bis er voll ist. So verbleibt genau ein Liter im 3-Liter Krug übrig.
Nun dürfte es nicht mehr schwer sein auch den zweiten Teil der Aufgabe zu lösen.

1 Daten

Seite 4

1

a)

Freunde besuchen	𝍸 II
lesen	𝍸 III
Sport	IIII
Computer	𝍸 I
musizieren	III
fernsehen	IIII

b) lesen
c) musizieren; 3

2

a)

31 – 35 Jahre	𝍸 II
36 – 40 Jahre	𝍸 𝍸 𝍸 𝍸 II
41 – 45 Jahre	𝍸 I
46 – 50 Jahre	𝍸
51 – 55 Jahre	II

b) 36–40 Jahre
c) 7 Personen
d) 7 Personen
e) 42 Personen

3

a) zum Beispiel:

bis 10 min	𝍸 𝍸
bis 20 min	𝍸 IIII
bis 30 min	𝍸 IIII
bis 40 min	I
bis 50 min	I

b) 2 Schülerinnen und Schüler brauchen mindestens 30 Minuten für ihren Schulweg.
c) 28 Schülerinnen und Schüler brauchen weniger als 30 Minuten.
d) 11 Schülerinnen und Schüler brauchen weniger als 20 Minuten.

Seite 5

4
individuelle Lösung

5
individuelle Lösung

Seite 6

1

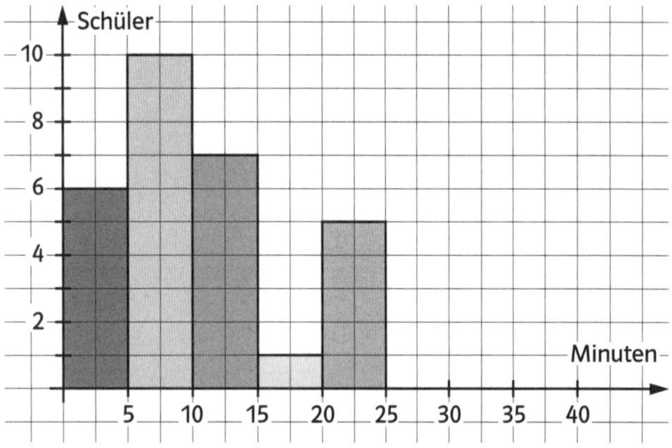

2

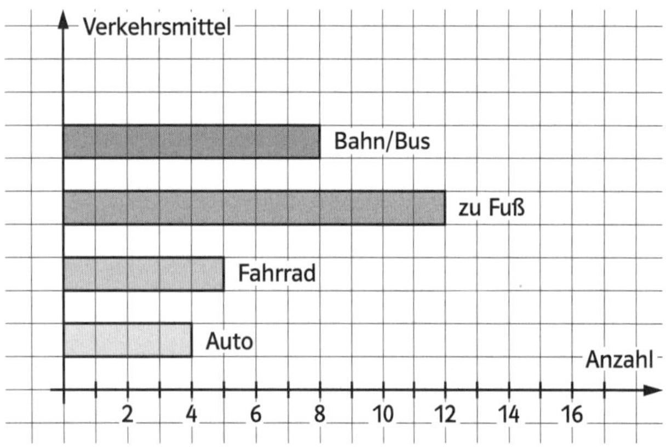

3
a) Hähnchen
b) Pizza: die Hälfte; 14
Hamburger: ein Viertel; 7
c) ein Viertel; 7
d)

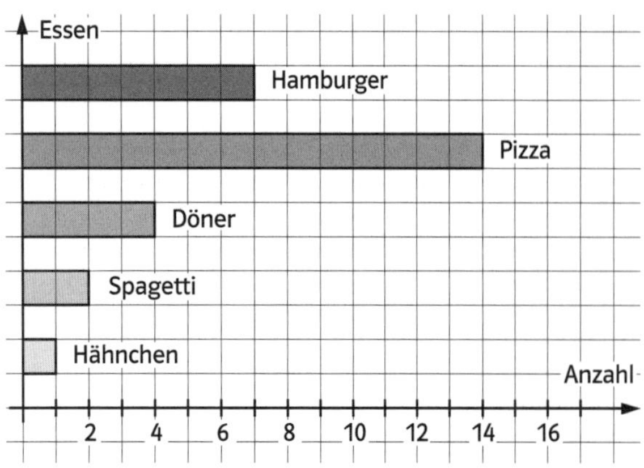

Seite 7

4
a) **Diagramm 1:** Einteilung erfolgt in 5-cm-Schritten; Schülerinnen und Schüler werden gemeinsam dargestellt; die häufigsten Größen liegen im Bereich von 151 bis 156 cm; niemand ist kleiner als 131 cm oder größer als 160 cm; usw.
Diagramm 2: Hier sind Jungen und Mädchen getrennt dargestellt; usw.
b) nein; die gemessenen Werte sind in 5-cm-Bereiche eingeteilt worden.

5
a) die Abstände auf der Anzahl-Achse sind ungleich
b) die Achsenbeschriftungen fehlen
c) die Balken sind nicht gleich breit
d) die Beschriftung der Anzahl-Achse und die Überschrift fehlen

Seite 8

1
a) 20, 60, 260, 420
b) 500, 800, 100, 800
c) 2000, 5000, 9000, 17 000

2

	Zehntausender	Hunderttausender	Millionen
14 743 283	14 740 000	14 700 000	15 000 000
93 223 801	93 220 000	93 200 000	93 000 000
14 089 425	14 090 000	14 100 000	14 000 000
90 765 476	90 770 000	90 800 000	91 000 000
32 054 289	32 050 000	32 100 000	32 000 000

3
a) nein; man erhält eine andere Telefonnummer
b) ja; man erhält eine ungefähre Längenangabe
c) nein; die Schuhe würden nicht passen
d) nein; man erhält eine andere Kontonummer
e) ja; man erhält eine ungefähre Einwohnerzahl
f) z. B.: Hausnummern, Nummer im Personalausweis, …
Unterscheide zwischen einer Nummer und der Angabe einer Größe oder einer Anzahl.

4
a) z. B.: 67 481 oder 67 536
b) 67 450; 67 549
c) Kirchentag: 133 000 — Museum: 2 500 000
Sportfest: 15 300 — Zeitung: 350 000
Jugendtag: 260 000 — Autotyp: 640 000

Seite 9

5

1 400 000 → O	13 000 → L
40 000 → M	260 000 → H
360 000 → T	140 000 → R
3500 → Z	2000 → A
−140 → Ä	170 → F
−20 → U	3 200 000 000 → N
130 → D	600 000 → E
7000 → C	300 → !

Lösungsspruch:
Hoffen und Harren hält manchen zum Narren!

Seite 10

1

a) Elefant: 40 Jahre — Pferd: 30 Jahre
Giraffe: 25 Jahre — Delfin: 20 Jahre
Tiger: 15 Jahre — Eichhörnchen: 10 Jahre

b)

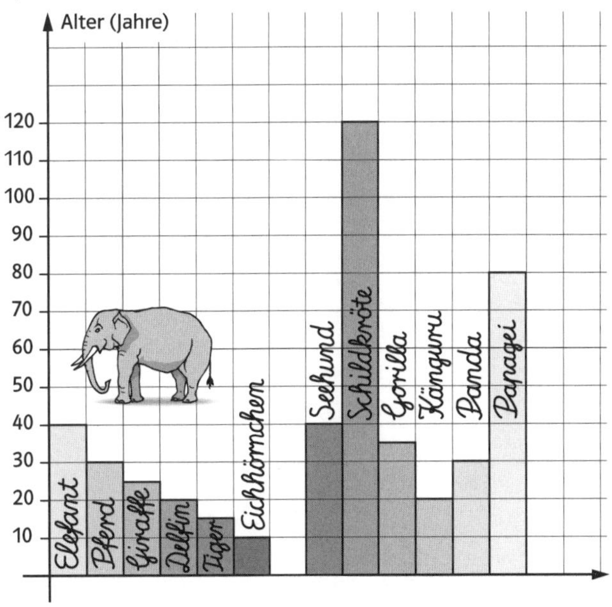

c) Schildkröte – Papagei – Seehund, Elefant – Gorilla – Panda, Pferd – Giraffe – Känguru, Delfin – Tiger – Eichhörnchen
d) Zentralwert: Panda, Pferd – 30 Jahre
Spannweite: 110 Jahre

2

a) Mount Cook: 3764 m ≈ 4000 m; Australien
Mont Blanc: 4807 m ≈ 5000 m; Europa
Aconcagua: 6959 m ≈ 7000 m; Südamerika
Mount Everest: 8846 m ≈ 9000 m; Asien
Kilimandscharo: 5895 m ≈ 6000 m; Afrika
b) Mount Everest – Aconcagua – Kilimandscharo – Mont Blanc – Mount Cook – Zugspitze
c) Zentralwert: 5351 m (Mitte zwischen Kilimandscharo und Mont Blanc)
Spannweite: 5884 m

3

Nil: 6671 km ≈ 6700 km
Amazonas: 6437 km ≈ 6400 km
Mississippi/Missouri: 6021 km ≈ 6000 km
Jangtsekiang: 5526 km ≈ 5500 km
Wolga: 3531 km ≈ 3500 km
Donau: 2858 km ≈ 2900 km

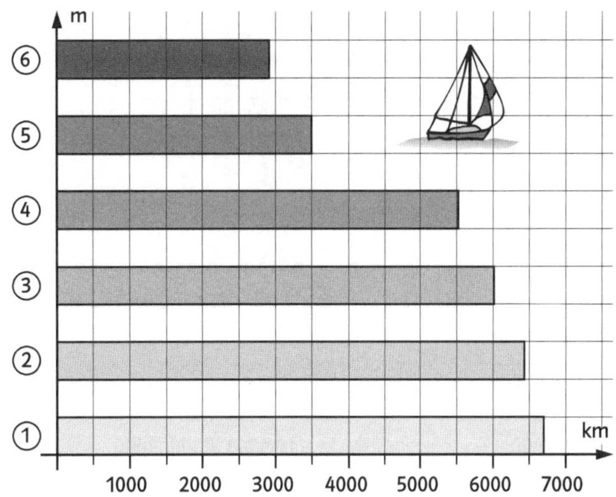

Seite 12 Test

[einfach]

1

a) am häufigsten: 2 (17); am seltensten: 6 (1)
b) 5a: 28 Schüler — 5b: 30 Schüler
insgesamt: 58 Schüler

2

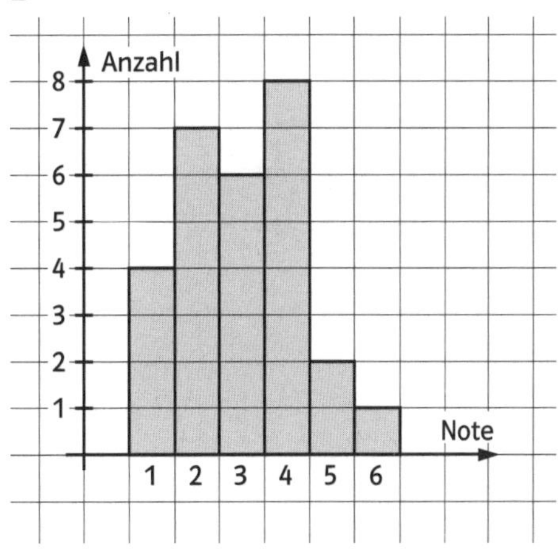

3

a) 60, 70 — b) 200, 400 — c) 3000, 6000

[mittel]
1

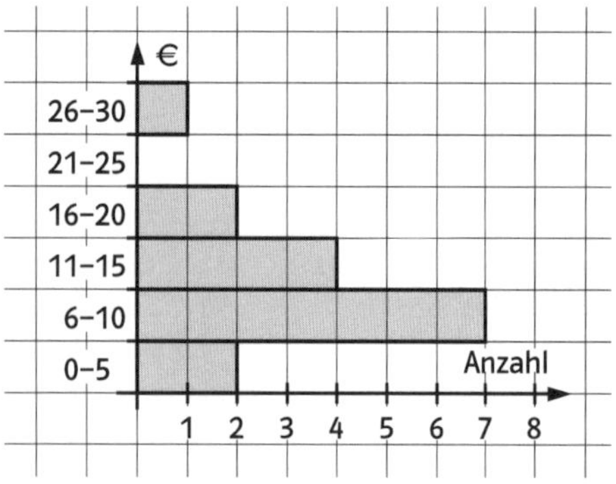

2
Rangliste: 4,50 € – 5 € – 6 € – 6 € – 8 € – 8,50 € – 9,50 € – 10 € – 10 € – 12 € – 12 € – 14 € – 15 € – 16 € – 20 € – 30 €
Zentralwert: 10 €
Spannweite: 25,50 €

3
a) 600, 300
b) 1000, 9000, 3000
c) 10 000, 40 000, 50 000

[schwieriger]
1

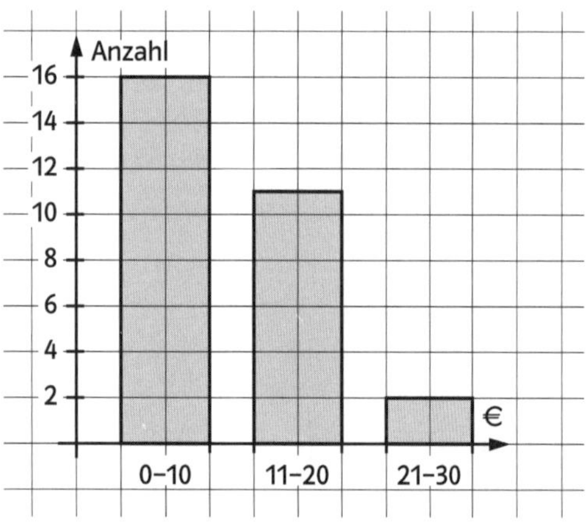

2
a) Spannweite: 25,50 €
b) neue Taschengeldhöhe: 35,50 €

3
a) 500 000, 3 200 000, 5 600 000
b) 7 000 000, 30 000 000, 100 000 000

2 Brüche und Bruchteile

Seite 13

1
a) 8 gleiche Teile
b) ein Achtel
c) drei Achtel
d) Färbe 5 Felder ein.

2

fünf Teile	Fünftel	$\frac{2}{5}$	$\frac{3}{5}$
vier Teile	Viertel	$\frac{3}{4}$	$\frac{1}{4}$
sieben Teile	Siebtel	$\frac{4}{7}$	$\frac{3}{7}$

3
a) Färbe 4 Felder ein.
b) Färbe 12 Felder ein.
c) Färbe 10 Felder ein.
d) Färbe 15 Felder ein.

4
a) $\frac{1}{3}$

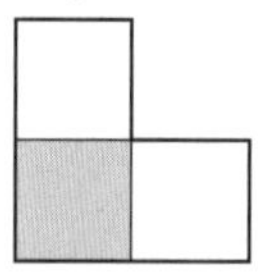

b) $\frac{2}{3}$

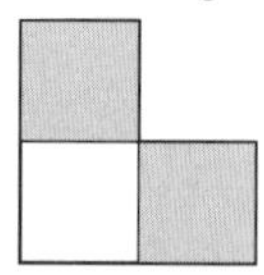

c) $\frac{1}{5}$

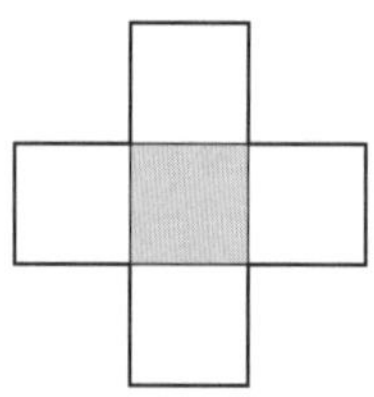

d) $\frac{4}{5}$

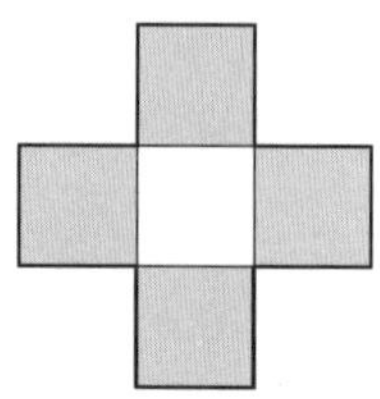

5
a) $\frac{5}{9}$
b) $\frac{4}{9}$
c) $\frac{3}{9}\left(\frac{1}{3}\right)$
d) $\frac{5}{9}$

6
In a) und b) sind die Figuren nicht in gleich große Teile zerlegt.
In c) ist das gefärbte Teil falsch bezeichnet. Richtig ist $\frac{1}{6}$.
d) ist richtig

Seite 14

7
a) $\frac{1}{4}$; $\frac{3}{4}$; $\frac{1}{2}$; $\frac{11}{16}$
b) $\frac{1}{4}$: Rahme 6 Felder ein.
$\frac{6}{8}$: Rahme 18 Felder ein.
$\frac{5}{6}$: Rahme 20 Felder ein.
c) individuelle Lösung

8

a) mehr als ein Viertel
b) die Hälfte
c) Viertel
d) etwa zwei Drittel
e) genau ein Drittel
f) weniger als ein Viertel

9

$\frac{1}{5}$kg = 200 g; $\frac{4}{5}$m = 80 cm; $\frac{1}{8}$kg = 125 g

$\frac{1}{10}$m = 10 cm; $\frac{1}{4}$km = 250 m; $\frac{5}{8}$kg = 625 g

Seite 15

1

$\frac{1}{2}$ und $\frac{2}{4}$ und $\frac{3}{6}$

größter Anteil: $\frac{3}{4}$; kleinster Anteil: $\frac{1}{8}$

übrige Anteile: $\frac{2}{3}$ und $\frac{1}{4}$

2

a) Es ist jeweils der Anteil $\frac{1}{3}$ gefärbt.

b) Es ist jeweils der Anteil $\frac{3}{16}$ gefärbt.

3

Vergleich über gleiche Nenner.

z. B.: $\frac{1}{5} < \frac{2}{5} < \frac{3}{5} < \frac{4}{5}$; $\frac{1}{3} < \frac{2}{3}$; $\frac{2}{6} < \frac{3}{6}$ ...

Vergleich über gleiche Zähler.

z. B.: $\frac{1}{8} < \frac{1}{5} < \frac{1}{4} < \frac{1}{3} < \frac{1}{2}$; $\frac{2}{6} < \frac{2}{5} < \frac{2}{4} < \frac{2}{3}$ ...

4

a) $\frac{1}{8} = \frac{2}{16} = \frac{4}{32}$ b) $\frac{1}{4} = \frac{2}{8} = \frac{4}{16}$ c) $\frac{1}{3} = \frac{2}{6} = \frac{3}{9}$ d) $\frac{2}{5} = \frac{4}{10} = \frac{6}{15}$

e) $\frac{4}{8} = \frac{2}{4} = \frac{1}{2}$

Seite 16

5

$\frac{2}{10} = \frac{4}{20} = \frac{1}{5} = \frac{8}{40} = \frac{10}{50}$; $\frac{4}{6} = \frac{2}{3} = \frac{8}{12} = \frac{12}{18} = \frac{40}{60}$

6

a) $\frac{3}{10} = \frac{6}{20}$ b) $\frac{4}{5} = \frac{8}{10}$ c) $\frac{2}{3} = \frac{6}{9}$ d) $\frac{3}{4} = \frac{9}{12}$

7

a) $\frac{1}{2} > \frac{1}{4}$; Halbe sind größer als Viertel.

b) $\frac{2}{4} > \frac{2}{5}$; Viertel sind größer als Fünftel.

8

a) $\frac{1}{4}$ Std. > $\frac{1}{5}$ Std. b) $\frac{1}{3}$ Std. = $\frac{2}{6}$ Std. c) $\frac{3}{10}$ Std. < $\frac{2}{5}$ Std.

9

a) Nacheinander 9, 20, 25 und 36 Felder färben.
b) Es bleiben 10 Felder weiß, das sind 10 %.

10

$\frac{90}{100}$m = 90 cm; 90 % von 1 m
$\frac{70}{100}$m = 70 cm; 70 % von 1 m
$\frac{40}{100}$m = 40 cm; 40 % von 1 m
$\frac{20}{100}$m = 20 cm; 20 % von 1 m

Seite 17

1

individuelle Lösung

Seite 19 Test

[einfach]

1

$\frac{1}{2}$ und $\frac{3}{4}$

2

Rahme 12 bzw. 4 Felder ein.

3

$\frac{1}{4}$kg = 250 g; $\frac{3}{4}$m = 75 cm; $\frac{1}{8}$l = 125 ml

4

a) $\frac{1}{2} = \frac{4}{8}$ b) $\frac{3}{6} < \frac{5}{6}$ c) $\frac{1}{5} > \frac{1}{8}$

5

a) $\frac{1}{4} = \frac{2}{8} = \frac{4}{16}$ b) $\frac{1}{8} = \frac{3}{24} = \frac{2}{16}$ c) $\frac{1}{3} = \frac{2}{6} = \frac{4}{12}$

[mittel]

1

$\frac{2}{3}$; $\frac{1}{6}$ und $\frac{5}{8}$

2

Rahme 12 bzw. 10 Felder ein.

3

250 g = $\frac{2}{8}$kg; 20 min = $\frac{1}{3}$ Std.; 400 g = $\frac{4}{10}$kg

4

a) $\frac{6}{7} > \frac{3}{8}$ b) $\frac{2}{3} < \frac{3}{4}$ c) $\frac{3}{5} = \frac{6}{10}$

5

a) $\frac{2}{3} = \frac{6}{9} = \frac{12}{18}$ b) $\frac{4}{10} = \frac{2}{5} = \frac{6}{15}$ c) $\frac{5}{7} = \frac{10}{14} = \frac{35}{49}$

[schwieriger]

1

Färbe 5 bzw. 2 Felder ein.

2

Rahme 14 bzw. 12 Felder ein.

3

$\frac{4}{5}$ Std- = 48 min; $\frac{2}{10}$ Std. ≈ 12 min; $\frac{3}{12}$ Std. = 15 min

4

a) $\frac{5}{8} > \frac{5}{9}$ b) $\frac{12}{21} = \frac{4}{7}$ c) $\frac{5}{6} > \frac{4}{5}$

5

a) $\frac{3}{4} = \frac{75}{100}$ = 75 % b) $\frac{3}{5} = \frac{60}{100}$ = 60 % c) $\frac{4}{8} = \frac{2}{4} = \frac{50}{100}$ = 50 %

3 Größen: Länge, Zeit

Seite 20

1

Quer durch Deutschland

Duisburg – Dortmund – Hannover – Hamburg – Berlin – Leipzig – Dresden – Zwickau – München – Stuttgart – Frankfurt – Aachen – Duisburg

Seite 21

1

individuelle Lösung

2

individuelle Lösung

3

a) z. B. Wasch- und Pflegehinweise

b) z. B. 40° – Waschtemperatur
100% – Anteil der Baumwolle

Seite 22

1

m, cm, km, m, mm, m, cm

2

Bison:	300 cm	Igel:	30 cm
Delfin:	3,6 m	Karpfen:	0,5 m
Eidechse:	20 cm	Löwe:	20 dm
Hausmaus:	12 cm	Pottwal:	20 m
Hecht:	1000 mm	Ringelnatter:	$1\frac{1}{2}$ m

3

a) 4 km = 4000 m
563 km = 563 000 m
21 m = 2100 cm
9 cm = 90 mm
73 dm = 730 cm

b) 54 m 83 cm = 5483 cm
6 km 741 m = 6741 m
9 dm 2 cm = 92 cm
4 cm 7 mm = 47 mm
82 km 5 m = 82 005 m

c) 23 m 20 cm = 2320 cm
4 m 5 cm = 405 cm
6 cm 8 mm = 68 mm
36 m 2 dm = 3620 cm
92 dm 1 cm = 921 cm

4

	km	m			dm	cm	mm
		H	Z	E			
a) Höhe des Arbeitsheftes					2	9	7
b) Breite des Arbeitsheftes					2	1	0
c) Länge des Zimmers				4	6	0	0
d) Breite des Zimmers				2	9	5	0
e) Breite des Schulhofs			7	4	6	0	0
f) Länge des Schulwegs	4	7	5	0	0	0	0

a) 29,7 cm b) 210 mm c) 4 m 60 cm
d) 2,95 m e) 74 m 60 cm f) 4750 m

Seite 23

5

a) 3,50 m; 5,50 m; 20,20 m
b) 127,5 cm; 5,05 m; 22,00 m
c) 1,20 m; 5,005 m; 20,02 m

6

a) 475 cm; 1800 m; 25 cm
b) 4060 m; 400 m; 12 mm
c) 1330 mm; 25 cm; 4750 mm

7

a)	b)	c)
=	>	>
>	<	>
=	<	>

8

a) 8 km 500 m; 40,4 cm
b) 807 dm; 6 km 60 m = 6,06 km
c) 7 km 50 m; 550 cm

9

a) 1,001 km; 1010 m; 1,1 km; 1101 m
b) 2,03 m; 22 dm; 2 m 3 dm; 233 cm
c) 4 dm 5 mm; 445 mm; 45 cm; 45,5 cm
d) 89,9 dm; 8998 mm; 989 cm; 9,98 m

10

a) 50 mm = 5 cm
b) 5 mm = 0,5 cm
c) 75 mm = 7,5 cm
d) 150 mm = 15 cm
e) 125 mm = 12,5 cm
f) 165 mm = 16,5 cm

11

a) 2 dm 5 mm; 0,25 m; $\frac{1}{4}$ m; 250 mm

b) 750 dm; 0,075 km

c) 150 cm; $1\frac{1}{2}$ m; 1,5 m

d) $1\frac{1}{4}$ m; 12 dm 5 cm; 12,5 dm; 1,25 m

Seite 24

12

Selbstkontrolle

a) 96 dm; 13,2 cm; 31,5 km; 9,067 km; 13,2 dm
b) 6,7 cm; 31,991 km; 9,670 km; 9,6 dm; 89,1 m
c) 60 cm; 125 m; 40,80 m; 33 m; 38 dm
d) 90 m; 13 cm; 23 dm; 11 m; 56 dm

13

Lösungswort: ARBEITSBLÄTTER

14
Lösungsweg:

149 m	99 m	12 m	0,144 km
1000 cm	144 dm	0,01 km	2,5 m
0,2 km	250 m	70 m	400 m
25 dm	4 m	8 cm	0,04 km
50 m	0,8 m	140 m	150m

Seite 25

1
Selbstkontrolle
a) 180 s; 300 min; 10 h; 48 h; 4 min
b) 3 d; 9 h; 3000 min; 6 min; 144 h
c) 2 h; 1 d; 3600 s; $\frac{1}{2}$d; 2880 min

2
Selbstkontrolle
Im Zeichen der Zeit.

Seite 26

3
a) 14.20 Uhr b) 21.55 Uhr
c) 9.45 Uhr d) 16.30 Uhr
Natürlich gelten auch die um 12 Stunden verschobenen Zeiten.

4

4 h 15 min	8.58 Uhr
12.55 Uhr	3 h 48 min
8.30 Uhr	5 h 40 min
6 h 10 min	11.21 Uhr

5

a) Unser Lehrer Dr. Fink:	48 min
Comic-Show:	55 min
Sport vom Tag:	35 min
Ringelblume:	45 min
Agent 008:	1 h 40 min
b) Morgen	12 min
Mittag	45 min
Abend	15 min
	1 h 12 min

Seite 27

1
a) 10 Minuten b) 5 Minuten
c) an der Haltestelle d) 7.50 Uhr
e) 0 Minuten

2
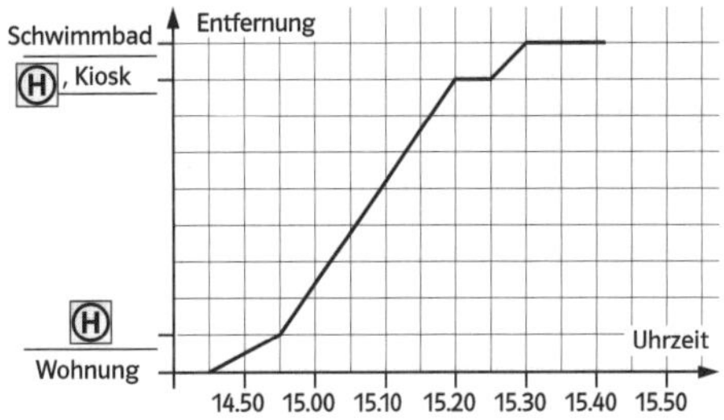

3
z. B.: Um 14.55 Uhr holt Uwe sein Fahrrad aus der Garage. 3 Minuten später muss er an der Ampel 2 Minuten warten. Hayo holt er 5 Minuten später ab. Nachdem sie sich dort noch 5 Minuten aufhalten, sind sie nach einer viertel Stunde bei Antonio. Sie plaudern noch 10 Minuten und fahren dann 5 Minuten bis zur Eisdiele, dort treffen sie um 15.40 Uhr ein.

Seite 29 Test

[einfach]
1
Beachte die Achsenbeschriftungen.

2
5000 m; 0,2 m; 240 min; 2 min

3
59 cm; 35 cm; 1500 m; 36 000 mm; 250 m

4
Ankunft: 9.30 Uhr; 8.45 Uhr; 17.15 Uhr

[mittel]
1
Beachte die Achsenbeschriftungen.

2
8000 m; 72 h; 1,5 km; 6 min

3
132 cm; 395 mm; 3,9 km; 1,35 km; 150 cm

4
Ankunft: 12.55 Uhr; Dauer: 1 h 40 min; Dauer: 2 h 25 min

[schwieriger]
1
Beachte die Achsenbeschriftungen.

2
300 000 cm; 5,4 m; 7920 min; 7 h

3
5,56 m; 31,968 km; 4550 m; 2,5 km; 19

4
Dauer: 40 min; Abfahrt: 7.38 Uhr; Abfahrt: 10.44 Uhr

4 Flächen und Körper

Seite 30

1

Kegel
1 Ecke, 2 Flächen, 1 Kante
besondere Kennzeichen: Die Grundfläche ist ein Kreis.

Pyramide
5 Ecken, 5 Flächen, 8 Kanten
besondere Kennzeichen: Die vier Seitenflächen sind Dreiecke. Die Grundfläche ist ein Quadrat.

Zylinder
0 Ecken, 2 Kanten, 3 Flächen
besondere Kennzeichen: Die Grundfläche und die Deckfläche sind Kreise.

Pyramide
4 Ecken, 4 Flächen, 6 Kanten
besondere Kennzeichen: Die Seitenflächen und die Grundfläche sind Dreiecke.

Prisma
6 Ecken, 5 Flächen, 9 Kanten
besondere Kennzeichen:
Die Grundfläche und die Deckfläche sind Dreiecke. Die Seitenflächen sind Rechtecke.

Prisma
12 Ecken, 8 Flächen, 18 Kanten
besondere Kennzeichen: Die Grundfläche und die Deckfläche sind Sechsecke. Die Seitenflächen sind Rechtecke.

Kugel
0 Ecken, 0 Kanten, 1 Fläche
besondere Kennzeichen: Die Fläche ist überall gewölbt.

Seite 31

2

a) Ecken: 10
Kanten: 15
Flächen: 7

b) Ecken: 8
Kanten: 12
Flächen: 6

c) Ecken: 0
Kanten: 2
Flächen: 3

d) Ecken: 6
Kanten: 9
Flächen: 5

e) Ecken: 10
Kanten: 15
Flächen: 7

f) Ecken: 8
Kanten: 12
Flächen: 6

3

Selbstkontrolle
a) 16 b) 20 c) 35 d) 30 e) 20
f) 40 g) 57 h) 53 i) 648

Seite 32

1

1) Sechseckpyramide: OK; 2) Kegel: TA;
3) Achteckssäule: ED; 4) Kegelturm: ER; OKTAEDER

2

a) Würfel; z. B.

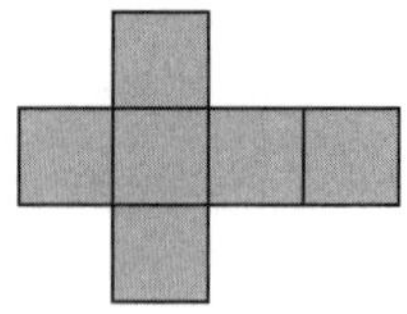

b) Prisma; z. B.

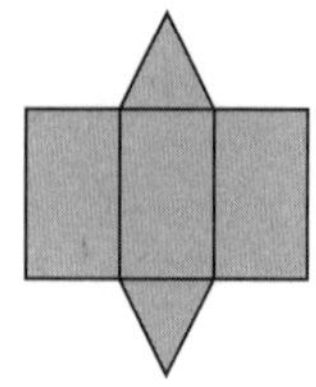

Seite 33

1

vgl. Schülerbuch, Seite 85; Beispiel

2

vgl. Schülerbuch, Seite 85; Beispiel

3

	a	b	c	d	e	f
a	■	$\parallel$	$\perp$	$\perp$		
b	$\parallel$	■	$\perp$	$\perp$		
c	$\perp$	$\perp$	■	$\parallel$		
d	$\perp$	$\perp$	$\parallel$	■		
e					■	$\perp$
f					$\perp$	■

4

zueinander parallele Seiten: $a \parallel c$; $b \parallel d$
zueinander senkrechte Seiten: $a \perp b$, $a \perp d$, $b \perp c$, $c \perp d$

5

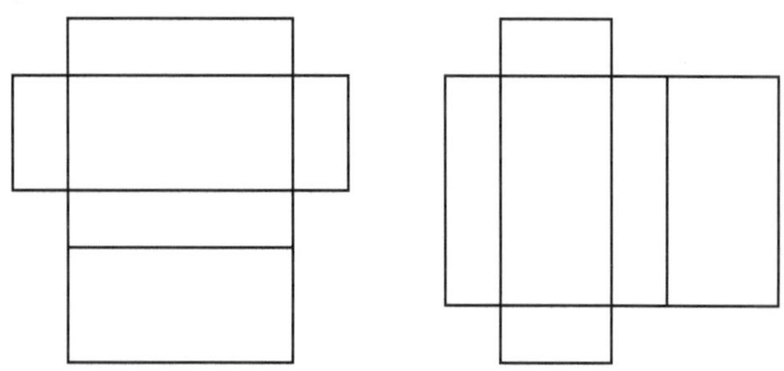

Seite 34

1

a) ein Parallelogramm
b) C(11|13)
c) eine Raute

2

a) eine Raute und ein Quadrat
b) ein Rechteck, ein Parallelogramm und ein Drachen

3

a) – d) Nutze die parallelen Linien und die Mittellinie des Geodreiecks.

Seite 35

1

a)

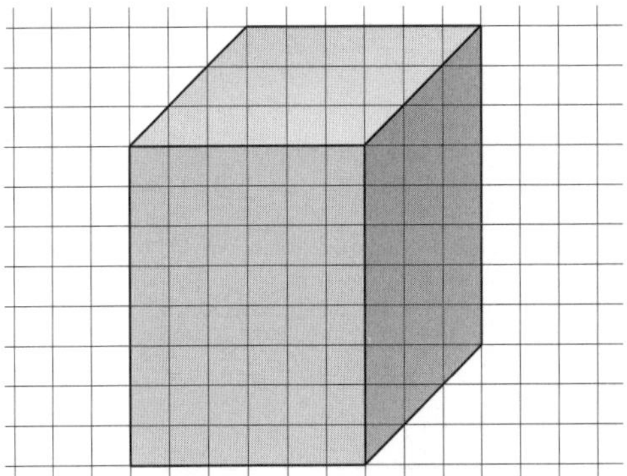

b)

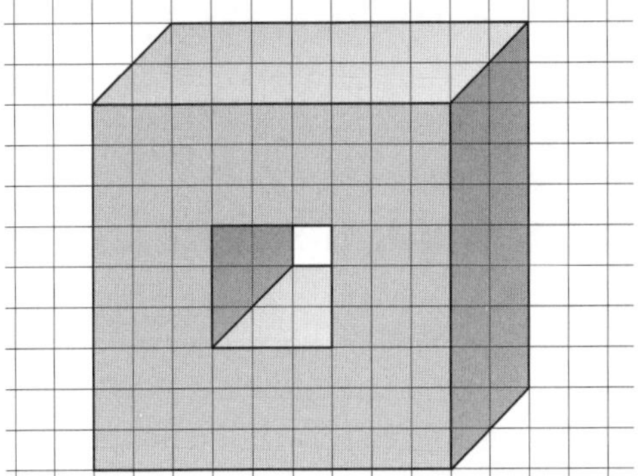

c)

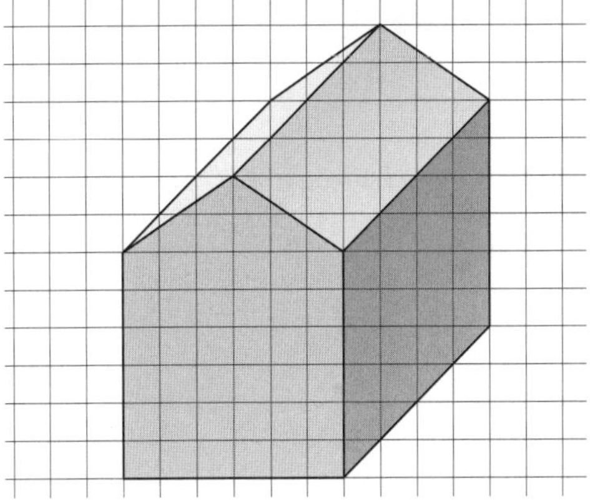

2

a)

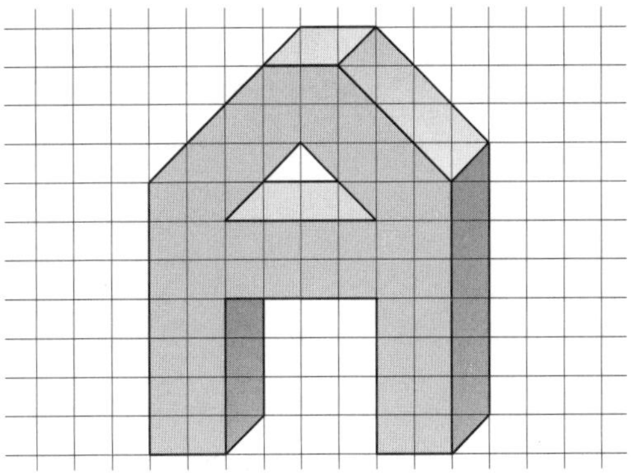

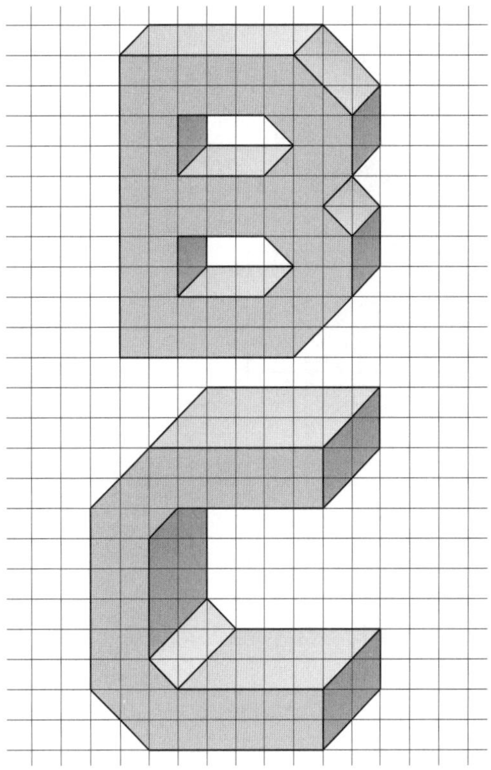

b) individuelle Lösung

Seite 37 Test

[einfach]

1

Das Dreiecksprisma hat 5 Flächen und 6 Ecken.

2

Zylinder

3

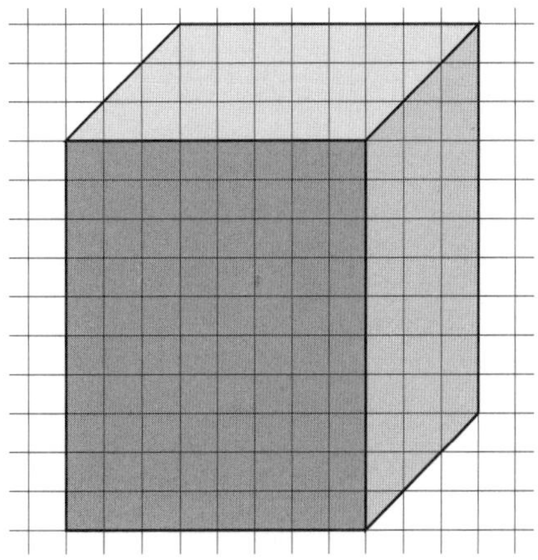

[mittel]

1

Das Sechseckprisma hat 8 Flächen, 18 Kanten und 12 Ecken.

2

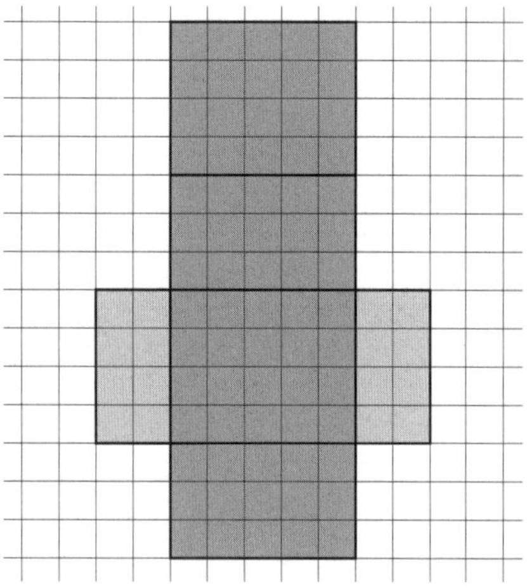

3

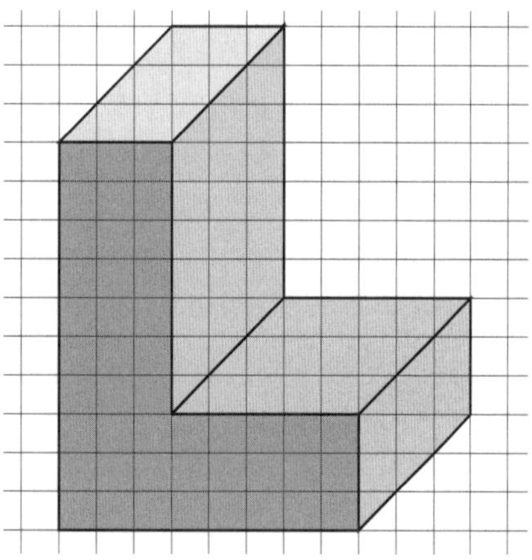

[schwieriger]

1

Der abgebildete Körper hat 9 Flächen, 21 Kanten und 14 Ecken.

2

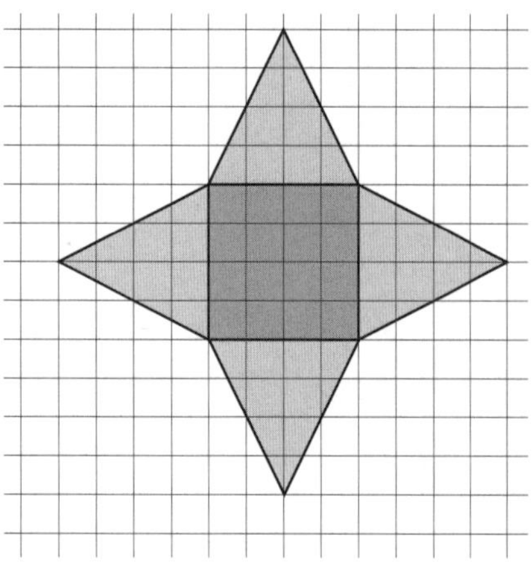

3

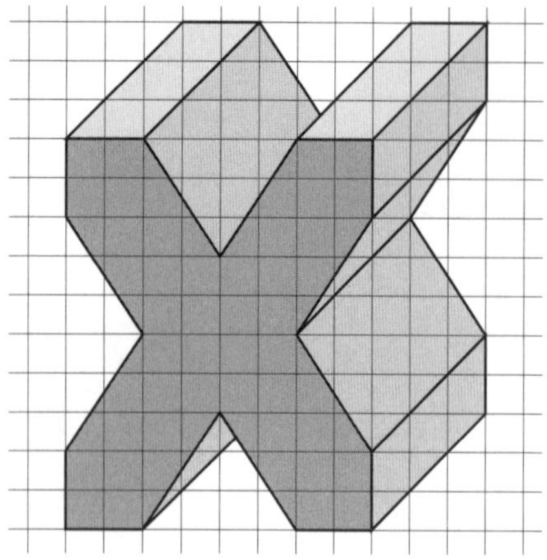

5 Größen: Geld, Gewicht

Seite 38

1

a)	b)	c)
<	<	<
>	<	>
<	<	>

2

Lösungssatz:
Je mehr es bekommt, desto hungriger wird es; und hat es alles gefressen, so stirbt es.
Lösungswort: das Feuer

3

a) 1500 €
+ 1200 €
+ 5500 €
+ 1000 €
= 9200 €

b) 7 € · 350 = 2450 €
4 € · 750 = 3000 €
5450 €

c) Die Einnahmen aus den Eintrittsgeldern reichen nicht aus, um die Kosten zu decken. Diese müssen z. B. von der Stadt aufgebracht werden.

Seite 39

4

a) 104,00 €
− 74,90 €
− 4,60 €
= 24,50 €

Für den Kauf von Fischen bleiben 24,50 € übrig.

b) individuelle Lösung

5

Hund:

780 € · 14 = 10 920 €

Katze:

25 € · 12 = 300 € 300 € · 15 = 4500 €

Kaninchen:

10 € · 12 = 120 € 120 € · 10 = 1200 €

Hamster:

9 € · 12 = 108 € 108 € · 3 = 324 €

Wellensittich:

6 € · 12 = 72 € 72 € · 8 = 576 €

Seite 40

6

a) 31 Personen, 5 Tage, 14,80 € pro Person
14,80 € · 31 = 458,80 €
458,80 € · 5 = 2294,00 €
b) 31 Personen, 29,00 € pro Person für 5 Tage
29,00 € · 31 = 899,00 €
Verpflegung: 4,25 € · 31 · 5 = 658,75 €
Gesamtkosten: 1557,75 €
c) 2294,00 € – 1557,75 € = 736,25 €
Das Angebot in der Scheune ist um 736,25 € günstiger.
d) 697,50 € : 31 = 22,50 €
e) 1557,75 € + 697,50 € = 2255,25 €
2255,25 € : 31 = 72,75 € Kosten pro Person: 72,75 €

7

a) 256,40 € – 36,00 € = 220,40 €
b) 220,40 € : 29 = 7,60 €
c) z. B.:

1 Reitstunde	6,50 €
1 Ausritt ins Gelände	5,50 €
1 Planwagenfahrt	3,50 €
1 Schwimmen	1,75 €
	17,25 €

Seite 41

1

Bison:	1000 kg	Igel:	1200 g
Blauwal:	136 t	Löwe:	250 kg
Elefant:	6 t	Maus:	50 g
Fuchs:	10 kg	Ratte:	500 g
Gorilla:	275 kg	Reh:	50 kg

2

a)	b)	c)
32 000 kg	114 000 kg	78 000 kg
520 000 g	70 000 g	200 000 g
25 000 mg	450 000 mg	2000 mg
85 000 g	2000 kg	45 000 g

3

a) 4,575 kg; 6,987 g; 4,040 t; 0,250 kg; 0,070 g; 0,333 t; 0,05 kg; 0,004 g; 0,025 t
b) 24 kg 349 g; 8 g 472 mg; 4 t 750 kg; 7500 g; 500 kg; 10 200 mg; 450 g; 50 kg; 40 040 mg

4

a) 3400 g < $3\frac{1}{2}$ kg < 3 kg 600 g < 3,660 kg
b) 0,4 kg < $\frac{1}{2}$ kg < 650 g < $\frac{3}{4}$ kg
c) 2 t 23 kg < 2333 kg < 3 t 3 kg < 3,222 t
d) 65,6 kg; 665 kg; 5,65 t; 55,6 t

5

in Gramm: 3000 g; 7 000 000 g; 9,6 g; 80 019 g; 0,02 g
in Kilogramm: 5000 kg; 37,5 kg; 70 070 kg; 1,001 kg; 0,65 kg
in Milligramm: 8000 mg; 90 000 mg; 4 000 000 mg; 2 000 070 mg; 750 000 mg
in Tonnen: 6 t; 0,75 t; 0,005 t; 0,008 t; 0,09 t

Seite 42

6

a) mg	b) t	c) g
d) g, kg	e) kg	f) g
g) mg	h) g	i) g, kg

7

a) Der Brachiosaurus wog 48 t mehr als ein Protoceratops, oder das 25-Fache.
b) Etwa 7 Tyrannosaurus sind so schwer wie ein Brachiosaurus.
c) Der Felsvorsprung müsste mindestens 72,2 t tragen können.
d) Der Brachiosaurus wäre dann etwa 61,5 t schwer.
Der Brachiosaurus war ein Pflanzenfresser.

8

Menüplan

1) Suppe	2 Dosen zu 0,69 €	1,38 €
2) Spagetti mit Ketchup	2 Packungen Nudeln zu 1,69 € 1 Flasche Ketchup zu 0,99 €	3,38 € 0,99 €
3) Eis mit Kirschen	1 Packung Eis zu 2,75 € 1 Glas Kirschen zu 1,45 €	2,75 € 1,45 €
	Summe	9,95 €

Seite 43

9

1	61 kg	G	2	111 kg	L
3	182 t	E	4	445 g	I
5	9900 mg	C	6	40 000 mg	H
7	1 000 000 g	G	8	3789 kg	E
9	999 mg	W	10	222 mg	I
11	500 g	C	12	9380 kg	H
13	4780 g	T			

Seite 44

10

a) 500 g	b) 750 ml	c) 250 g
d) 375 g	e) 750 kg	f) 125 ml

11

a) 2 kg 500 g b) 3,250 kg c) 1125 mg
d) 5500 ml e) 21 750 ml f) 4,375 ml

12

$\frac{1}{10}$ kg = 100 g; $\frac{1}{5}$ kg = 200 g; $\frac{3}{20}$ kg = 150 g

$\frac{3}{4}$ Pfund = $\frac{3}{8}$ kg = 375 g; $\frac{3}{20}$ l = 150 ml

13

a) $4 \cdot 4 \cdot 4 = 4^3 = 64$ b) $1 \cdot 1 \cdot 1 \cdot 1 \cdot 1 \cdot 1 = 1^6 = 1$
c) $2^4 = 16$ d) $10^5 = 100\,000$ e) $9^3 = 729$

14

a) $1^7 = 1 \cdot 1 \cdot 1 \cdot 1 \cdot 1 \cdot 1 \cdot 1 = 1$ b) $5^2 = 5 \cdot 5 = 25$
c) $7^3 = 7 \cdot 7 \cdot 7 = 343$ d) $4^4 = 4 \cdot 4 \cdot 4 \cdot 4$
e) $6^3 = 6 \cdot 6 \cdot 6$

15

Zum Knobeln

a) $2^5 = 2 \cdot 2 \cdot 2 \cdot 2 \cdot 2 = 32$
Anzahl der Ur-Ur-Ur-Großeltern: 32
b) $2^{11} = 2 \cdot 2 \cdot 2 \cdot 2 \cdot 2 \cdot 2 \cdot 2 \cdot 2 \cdot 2 \cdot 2 \cdot 2 = 2048$
Anzahl der Ur-Ur-Ur-Ur-Ur-Ur-Ur-Ur-Ur-Großeltern: 2048

Seite 45

1

Schätzen

1. 4	2. 60 cm	3. 2,5 kg	4. 850 kg
5. 3 m	6. 40 cm	7. 6 cm	8. 5000
9. 4	10. 75 km/h	11. 630	12. 3 t
13. 42 °C	14. 0	15. 500 g	16. 160 km/h

Lösungswort: Tyrannosaurus Rex

Seite 47 Test

[einfach]

1

a) 17,50 € b) 7,27 € c) 26,00 € d) 21,00 €

2

a) 2,50 € b) 13,50 € c) 10,02 € d) 7,50 €

3

a) 88 g b) 188 mg c) 26 t d) 8 t

4

a) $2^4 = 2 \cdot 2 \cdot 2 \cdot 2 = 16$ b) $3^2 = 3 \cdot 3 = 9$
c) $5^3 = 5 \cdot 5 \cdot 5 = 125$ d) $3^4 = 3 \cdot 3 \cdot 3 \cdot 3 = 81$

5

1000 Kinder sind so schwer wie ein Diplodocus.

[mittel]

1

a) 103,03 € b) 87,86 € c) 161,40 € d) 563 €

2

a) 46,26 € b) 37,02 € c) 15,51 € d) 9,96 €

3

a) 3,777 kg b) 1,450 t c) 107,6 mg d) 328 g

4

a) $8^4 = 8 \cdot 8 \cdot 8 \cdot 8 = 4096$ b) $3^5 = 3 \cdot 3 \cdot 3 \cdot 3 \cdot 3 = 243$
c) $6^3 = 6 \cdot 6 \cdot 6 = 216$ d) $5^4 = 5 \cdot 5 \cdot 5 \cdot 5 = 625$

5

Etwa 35 Schulklassen sind so schwer wie ein Diplodocus.

[schwieriger]

1

a) 29,70 € b) 141,33 € c) 4650 € d) 457 €

2

a) 103,22 € b) 70,05 € c) 15,02 € d) 44,05 €

3

a) 2 032 425 mg b) 1,239 t c) 359,45 g d) 7

4

a) $2^7 = 128$ b) $3^1 = 3$ c) $3^4 = 81$
d) $5^3 = 125$ e) $9^4 = 6561$ f) $12^3 = 1728$
g) $5^3 = 125$ h) $4^3 = 64$

5

Ein Diplodocus (40 t) entspricht 1000 Kindern (40 kg) oder 20 000 000 Etrusker-Spitzmäusen (2 g).

6 Symmetrien und Muster

Seite 48

1
a) A, B, C, D, E, H, I, K, M, O, T, U, V, W, X, Y
b) eine: A, B, C, D, E, K, M, T, U, V, W, Y
zwei: H, I, X
mehr als zwei: manchmal das O, wenn es kreisrund ist
c) 3, 8, 0

2
a) NOTARZT
b) Damit die Autofahrer dies im Rückspiegel lesen können.
c) individuelle Lösung, z. B. IƎZI⅃Oꟼ

3
a) B, C, D, E, H, I, K, X, O
b) z. B.: DIEB, BEIDE, DICH
c) z. B.: OHO

4
a) ICH BIN BEI HEIDE TOM
Der Buchstabe N ist nicht achsensymmetrisch.
b) individuelle Lösung

Seite 49

5
Benutze zum Prüfen einen Spiegel.

6

Seite 50

1

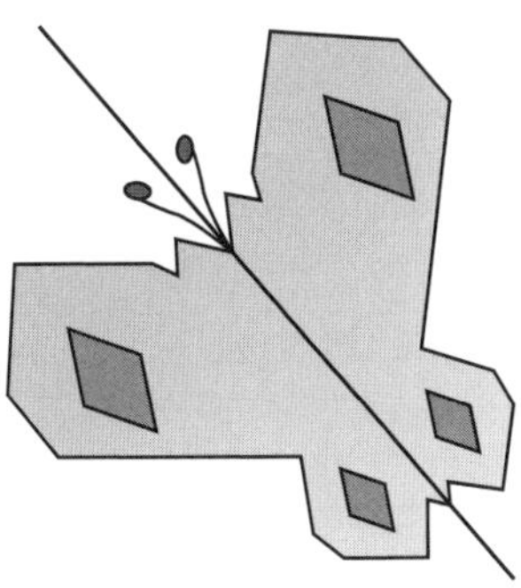

b) individuelle Lösung

Seite 51

1
a) SABINE, ENIBAS
ANNA und OTTO heißen rückwärts geschrieben auch wieder ANNA und OTTO.
b) z. B.: ELLE, MADAM
c) z. B. OMO

2
a)

8 + 8 = 16	16 + 61 = **77**	
68 + 86 = 154	154 + 451 = 605	605 + 506 = **1111**
597 + 795 = 1392	1392 + 2931 = 4323	4323 + 3234 = **7557**

b) Manchmal kann es sehr lange dauern, bis sich eine palindrome Zahl ergibt.
Die Zahl 89 benötigt 21 Schritte, man erhält dann 8 813 200 023 188.
c) Diese Frage ist bislang noch ungeklärt, bei manchen Zahlen helfen nur Computer, um zu einer Lösung zu kommen.

3
In das freie Kästchen gehört das Symbol Ɛ3, eine achsengespiegelte 3.

Seite 52

1
vgl. Schülerbuch, Seite 130
a)

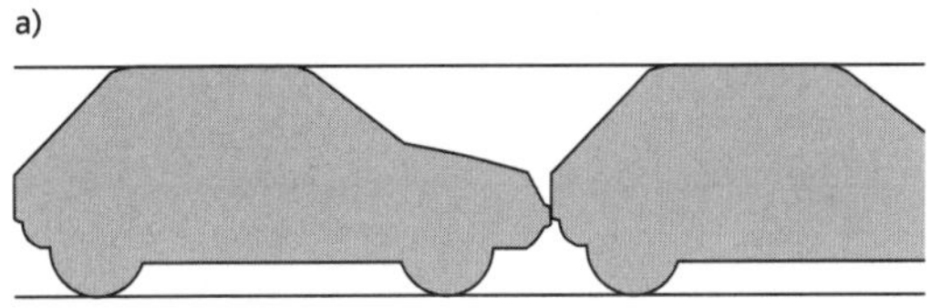

b)

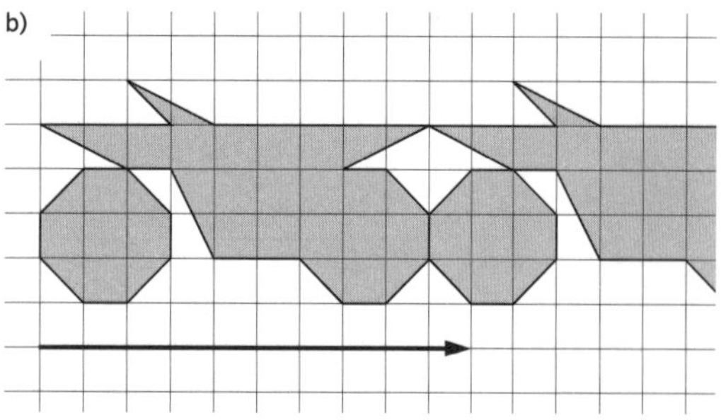

c)

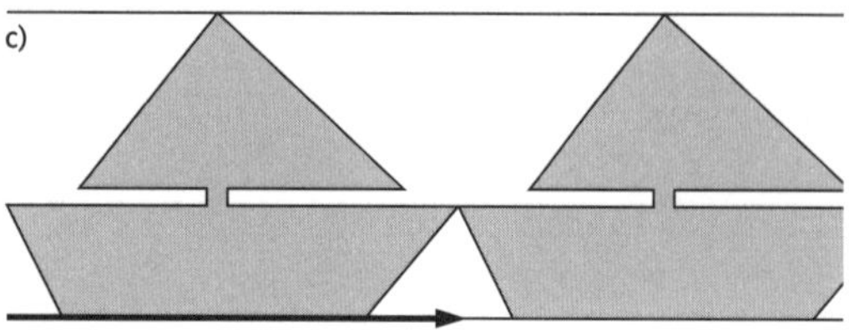

d) individuelle Lösung

Seite 53

2

a), b) siehe Grafik unten auf der Seite 14

c)

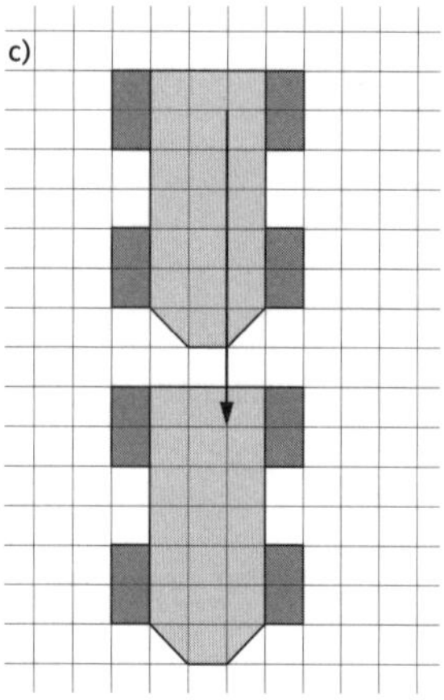

Seite 54

1

a)

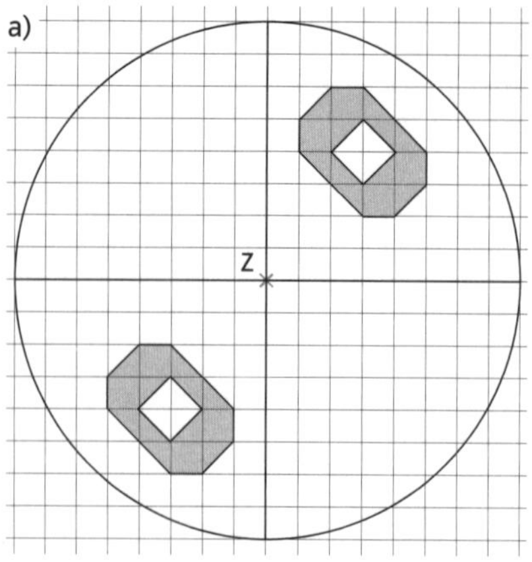

b)

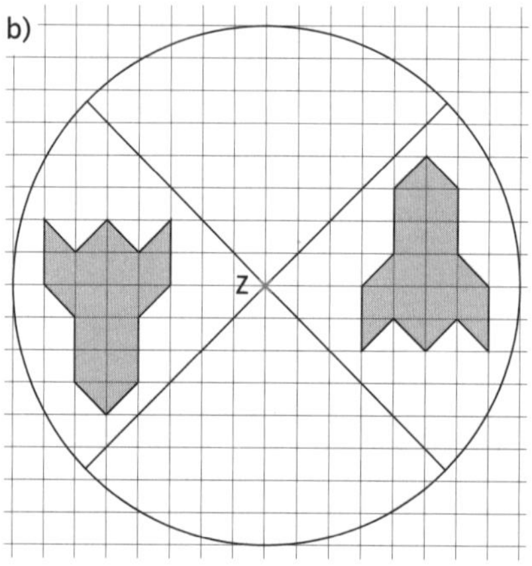

a)

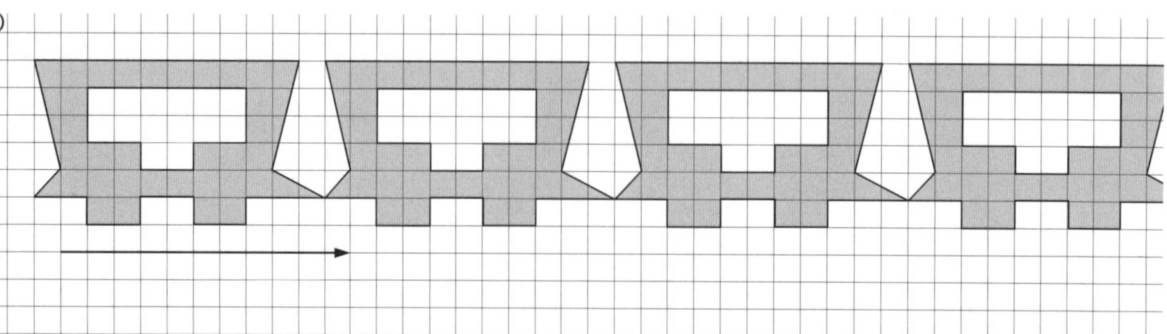

b)

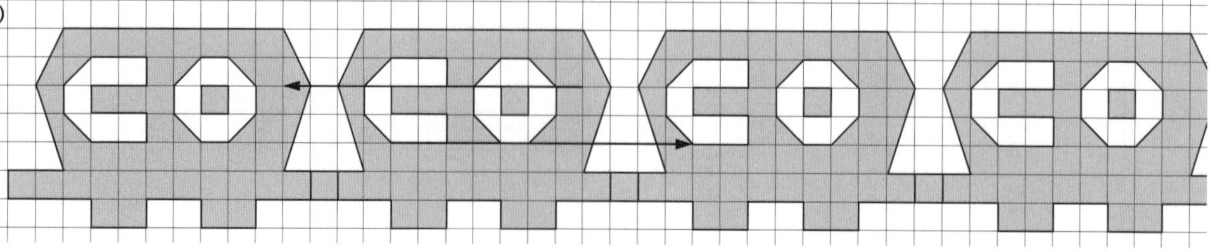

2

a)

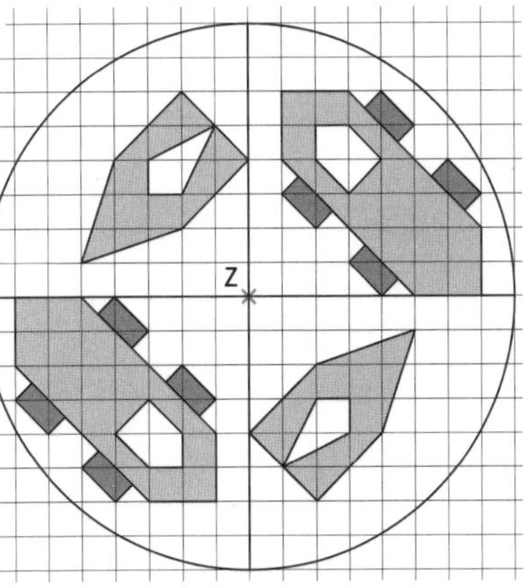

b)

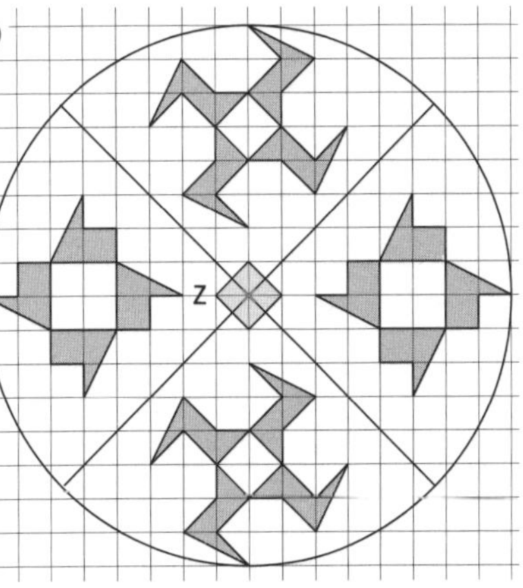

Seite 55

1

Die Spiralen werden durch die Anordnung der Samenkörner vorgegeben.
Nein, es gibt zwei gegenläufige Richtungen.

2

Die Anordnung der Spiralen wird durch die Anordnung der Schuppen vorgegeben.
a) im Uhrzeigersinn: 8;
b) gegen den Uhrzeigersinn: 13

3

a) Die nächste Zahl ergibt sich immer als Summe der beiden Vorgänger.
b) 55, 89, 144, 233, …
c) individuelle Lösung

Seite 57 Test

[einfach]

1

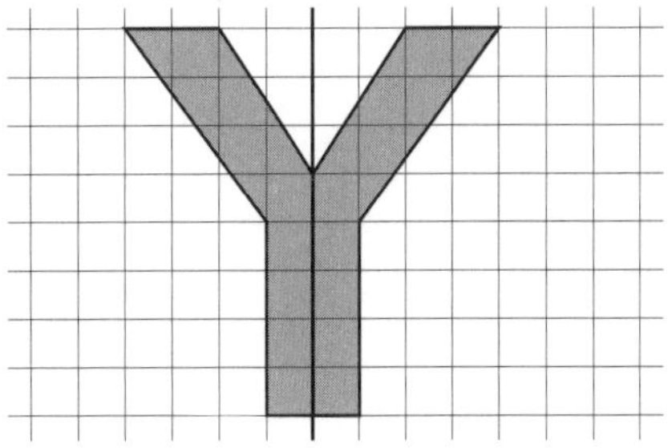

2

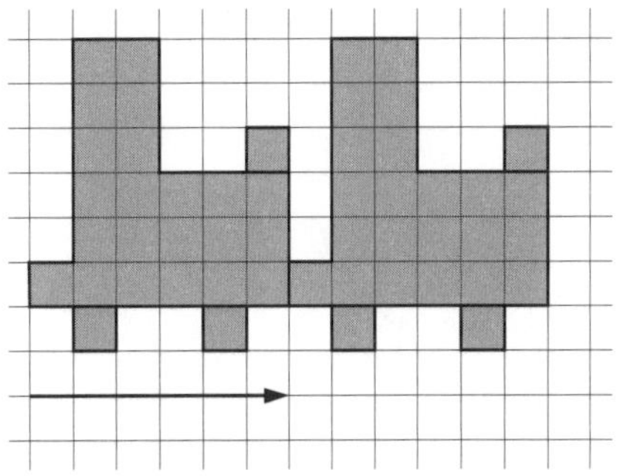

3

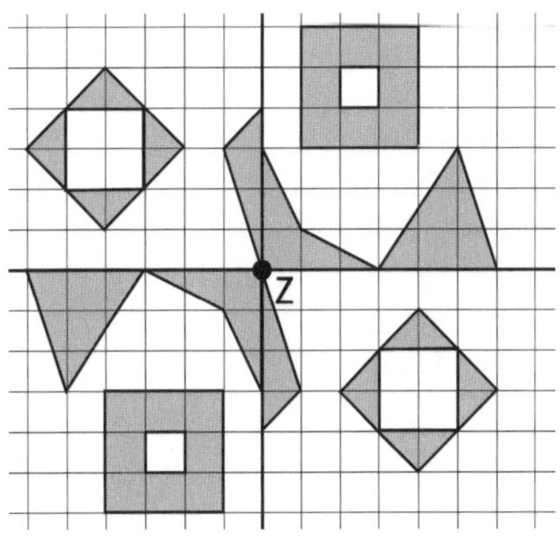

4

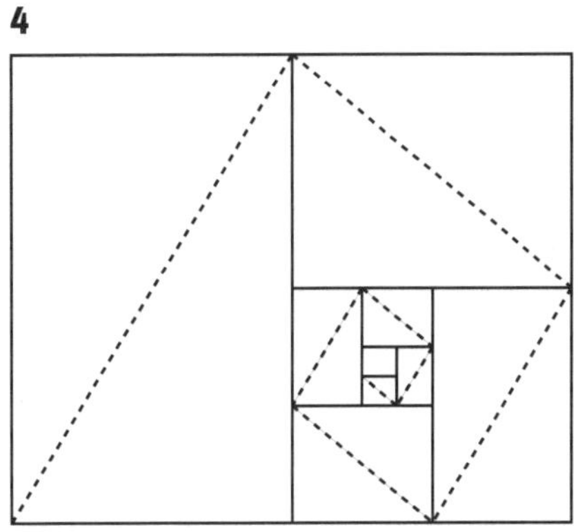

[mittel]

1

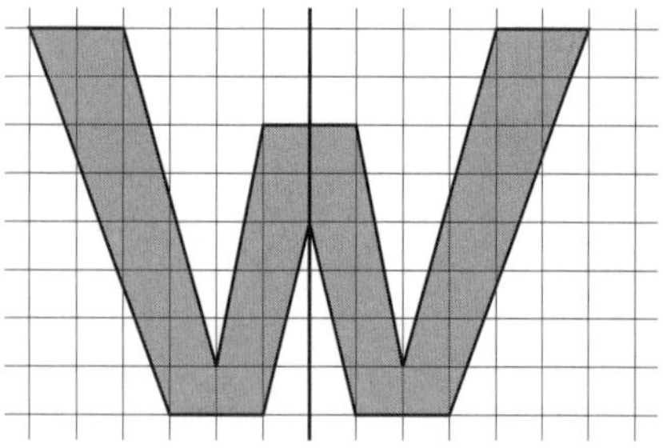

2

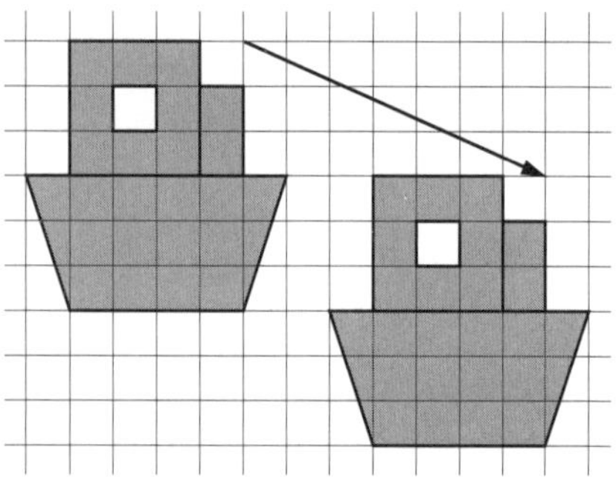

3

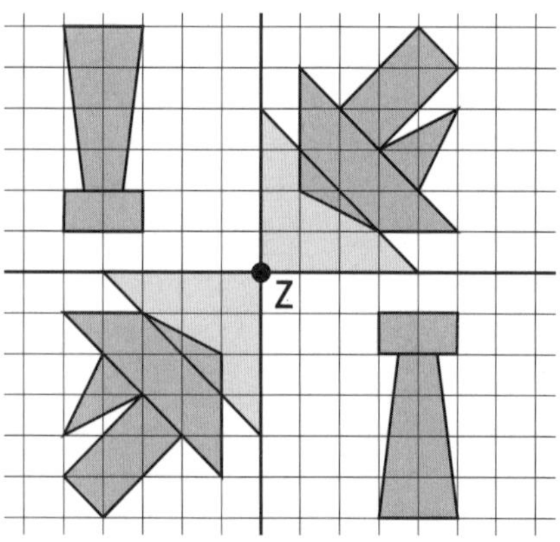

4

[schwieriger]

1

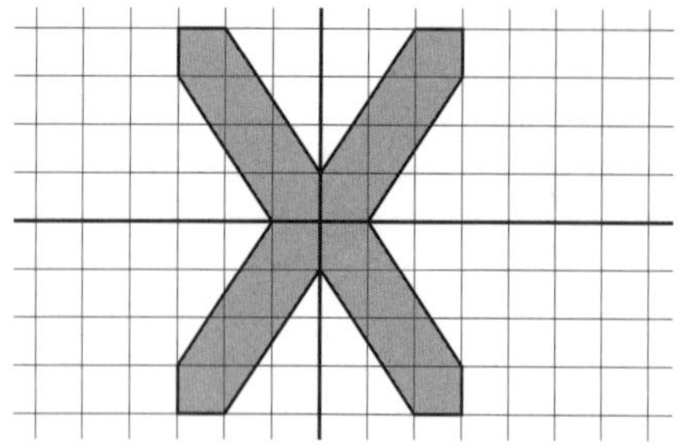

2

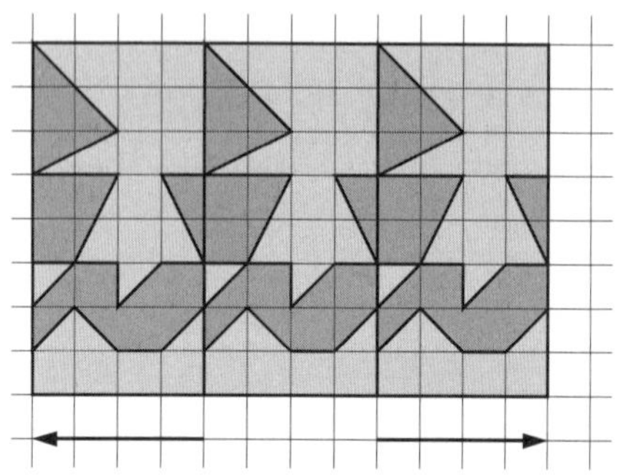

3

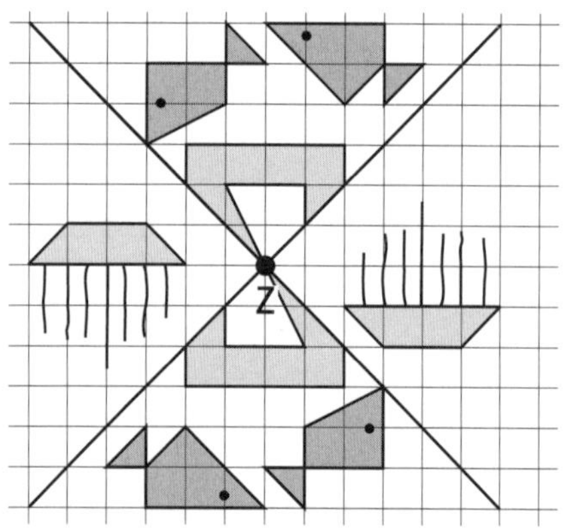

4

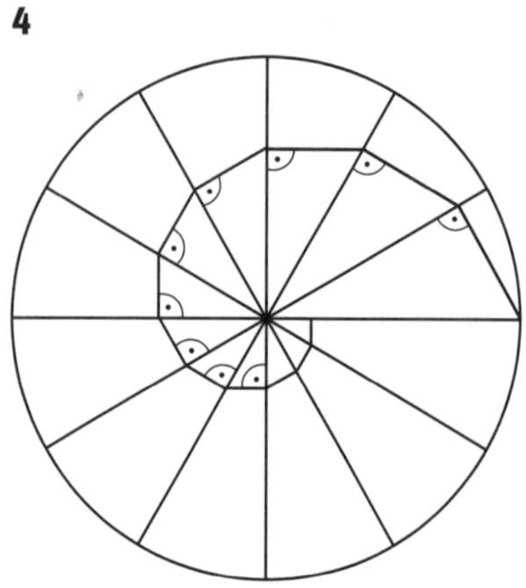

Mathematische Reisen

Seite 58

1
Z. B. auf Ziffernblättern von Uhren, auf Briefmarken, auf Münzen, auf Grabsteinen, an Gebäuden, auf Urkunden, u. v. m.

2, 3, 4, 5
Selbstkontrolle

Seite 59

6
LI → 51 Meilen
XCIII → 93 Meilen
LXXII → 72 Meilen
CXXIII → 123 Meilen
CL → 150 Meilen
CCXXXVII → 237 Meilen

7
1. LI → 51
2. XXCIIII → 84
3. LXXIIII → 74
4. CXXIII → 123
5. CLXXX → 180
6. CCXXXI → 231
7. CCXXXVII → 237
8. CCCXXII → 322
9. DCCCCXVII → 917

8
a) …, X, XII, XIV, XVI, XVIII
b) …, XXV, XXX, XXXV, XL, XLV
c) …, XXXV, XLII, IL, LVI, LXIII
d) …, DCC, DCCL, DCCC, DCCCL, CM
e) …, MXV, MXVIII, MXXI, MXXIV, MXXVII
f) …, XXXII, XXVIII, XXIV, XX, XVI
g) …, CCXL, CXX, LX, XXX, XV
h) …, XXII, XXIX, XXXVII, XLVI, LVI
i) …, XIII, XXI, XXXIV, LV, LXXXIX

Seite 60

9
a)

VIII	XIII	IX	XX
XIX	X	XIV	VII
XVIII	XI	XV	VI
V	XVI	XII	XVII

magische Zahl: 50

b)

V	XVI	XV	II
X	VII	VIII	XIII
VI	XI	XII	IX
XVII	IV	III	XIV

magische Zahl: 38

c)

VIII	X	XV	I
XI	V	IV	XIV
II	XVI	IX	VII
XIII	III	VI	XII

magische Zahl: 34

d)

IV	IX	VII	XVI
XVI	IX	X	I
XIV	VIII	XI	III
II	X	VIII	XVI

magische Zahl: 36

10 siehe Grafik unten

	I	II	V	VI	II	III	IV	V	IV	VII	VIII	I	II	V	VI	VII	VIII	IV	II	IV	V	
	IV	III	IV	VII	I	III	IV	II	VI	I	II	II	III	IV	V	VI	VII	V	II	III	IV	
	V	IV	II	I	I	II	V	I	V	IV	III	IV	IV	III	I	II	VIII	IX	I	II	VII	
	II	III	III	IV	III	II	I	II	IV	V	VII	V	VI	II	I	IV	II	I	VI	VII	VIII	
Start	I	V	IV	III	I	V	I	II	III	II	IV	I	VII	IV	II	VI	III	VIII	V	III	IX	
→	I	I	II	II	III	IV	V	II	IV	I	V	II	I	III	III	IV	I	VII	IV	IX	X	→
	II	II	I	I	I	III	VI	I	V	II	IV	III	II	II	I	V	II	VI	III	VIII	IX	*Ziel*
	I	I	I	III	V	II	VII	VII	VI	III	III	IV	III	IX	II	III	IV	V	VI	VII	VIII	
	II	II	I	II	I	I	VIII	VI	I	IV	II	V	IV	VIII	VII	VI	IX	VIII	VII	VI	VII	
	I	III	I	II	III	IV	I	V	II	V	I	I	V	IV	VI	V	IV	III	IV	V	VIII	
	II	I	I	V	IV	III	II	IV	III	IV	II	I	VI	VII	VIII	I	IV	II	IV	VI	IX	
	III	I	II	III	V	VI	VII	II	I	VIII	VII	III	III	II	I	II	II	I	III	VII	X	
	IV	I	V	VI	VII	VI	III	II	II	II	VI	V	IV	I	II	III	I	IX	II	VIII	VI	
	I	IV	V	II	I	V	IV	I	II	III	VI	VI	III	II	V	IV	VII	VIII	I	IX	V	
	II	III	I	II	III	IV	V	VI	I	IV	V	VI	II	I	VII	V	VI	III	II	I	I	

Mathematische Werkstatt

Seite 62/63

1/2

Reihenfolge	Stadt	Einw. ger.
1	Berlin	3390000
2	Hamburg	1730000
3	München	1250000
4	Köln	970000
5	Frankfurt	650000
6	Stuttgart	590000
7	Dortmund	590000
8	Essen	590000
9	Düsseldorf	570000
10	Bremen	550000
11	Hannover	520000
12	Leipzig	500000
13	Nürnberg	500000
14	Wuppertal	360000
15	Bielefeld	330000
16	Bonn	310000
17	Karlsruhe	280000
18	Münster	270000
19	Augsburg	260000
20	Kiel	230000
21	Kassel	190000
22	Darmstadt	140000
23	Cottbus	110000
24	Gera	110000

3

London	7,4 Mio.
Moskau	10,8 Mio.
Rom	2,5 Mio.
Kairo	7,7 Mio.
Peking	7,5 Mio.
Tokio	8,3 Mio.
Sydney	3,8 Mio.
Mexiko	8,7 Mio.
New York	8,1 Mio.
Rio de Janeiro	6,0 Mio.

Seite 64/65

1–5
Selbstkontrolle

6
a) 71342 + 26167 = 97509
b) 95741 + 23456 = 119197
c) 23195 + 87638 = 110833
d) 94743 + 75487 = 170230

7
Selbstkontrolle
Lösungswort: RECHENASS

8
Lösungswort: SYLT
1 + 1 = 2
2 + 0 = 2
1 + 2 = 3

9
z. B.

8	−	6	+	2	=	4
+		−		+		
3	+	4	−	7	=	0
−		+		−		
9	−	5	+	1	=	5
=		=		=		
2		7		8		

Seite 66

1
Selbstkontrolle

2
Selbstkontrolle
1111 → 2222 → 8888 → 10000 → 100 → 4 → 60 → 360 → 3 → 3333

3
Selbstkontrolle

Seite 67

4
Selbstkontrolle

waagerecht:	senkrecht:
b) 576	a) 6768
d) 167	b) 51
e) 71	c) 67
i) 5472	f) 172
g) 34	e) 744
k) 9528	g) 352
l) 42	h) 428
n) 28	m) 1836
o) 488	
r) 632	

Seite 68

1
Selbstkontrolle

2
a) z. B.:
gedachte Zahl: 76
76 + 12 = 88
88 · 2 = 176
176 − 15 = 161
161 − 76 = 85
85 + 13 = 98
98 − 76 = 22
22 · 3 = **66**
Man erhält stets das Ergebnis 66.
b) Selbstkontrolle
c) Man erhält stets das Ergebnis 1089.

Seite 69

3, 4
Selbstkontrolle

5
(14 + 35) : 7 = 7
4 · (45 + 66) · 2 = 888
28 + (22 − 7) · 5 = 103
(135 − 55) + 16 : 8 = 82
(82 + 75 − 7) · (28 − 24) = 600

6
z. B.:
24 − 24 + 9 − (4 · 2) = 1
(24 + 2) : (9 + 2 + 2) = 2
(9 · 2) : (2 + 2 + 2) = 3
(9 − 2) · (2 + 2) − 24 = 4
(24 + 9 + 2) : (9 − 2) = 5

Seite 70

7

a)

48	52	32
28	44	60
56	36	40

b)

44	36	76
84	52	20
28	68	60

c)

76	84	44
36	68	100
92	52	60

d)

20	24	34
30	36	12
28	18	32

8
a) 54 − 22 − 17 + 36 = 51
b) 36 + 17 − 28 + 37 = 62
c) 72 − 23 + 42 − 34 = 57
d) 45 − 16 − 14 + 66 = 81
e) 31 + 24 − 17 − 19 = 19
f) 29 + 33 − 24 + 47 = 85

9
a) 12 − 3 · 3 + 17 = 20
b) 4 · 4 + 5 − 1 = 20
c) 18 · 2 − 28 + 12 = 20
d) 53 + 18 − 17 · 3 = 20
e) 3 + 16 · 7 − 95 = 20
f) 72 + 13 − 13 · 5 = 20

10

a)
```
923 · 696
 5538
  8307
   5538
 642408
```

b)
```
734 · 538
 3670
  2202
   5872
 394892
```

c)
```
5467 · 898
 43736
  49203
   43736
 4909366
```

d)
```
483 · 765
 3381
  2898
   2415
 369495
```

11
z. B.
```
  154   oder   278
+ 782        + 415
  936          693
```

Seite 71

1
Aus den Netzen in a), c) und d) können Würfel gefaltet werden.

2
a) 27 Dreiecke
b) Rauten und Parallelogramme
c) Hälfte: 8 Dreiecke; Viertel: 4 Dreiecke; Achtel: 2 Dreiecke; Sechzehntel: 1 Dreieck
d) $\frac{3}{4}$ ist eingefärbt.

3
a) Pik Ass
b) Herz König; Karo 10
c) Karo Ass

4
a) Zwei Tintenkiller werden eingekauft.
b) Drei Bleistifte und ein Radiergummi werden eingekauft.
c) Ein Füller und zwei Tintenkiller werden gekauft, bezahlt wird mit einem 20-€-Schein.

5

5000 g > $2\frac{1}{2}$ kg > 1 kg > 800 g > 500 g = 0,5 kg > 250 g = $\frac{1}{4}$ kg

6

Nudeln: 1 Packung im Großpack kostet 1,40 € – günstiger.
Saft: 1 Packung im Großpack kostet 0,85 € – günstiger.
Schokolade: 1 Packung im Großpack kostet 0,30 € – gleich teuer.
Reis: 500 g in der Großpackung kosten 1,99 € – teurer.

Seite 72

7

a) Figur (4) umfasst 16 Felder.
b) Figur (6) besteht aus 36 kleinen Quadraten.
c) Die n-te Figur besteht aus $n \cdot n = n^2$ Quadraten.

8

a) falsch b) richtig c) falsch
d) richtig e) richtig

9

ja; nein; ja; nein; ja

10

a) individuelle Lösung b) Diagramm ①

11

16.49 Uhr; 20.44 Uhr; 11.12 Uhr; 5.44 Uhr; 24.00 Uhr

12

a) Um die Rangfolge der Urlaubsziele.
b) $\approx 5 \cdot 224 = 1120$ nach Deutschland
$\approx 5 \cdot 126 = 630$ nach Spanien
$\approx 5 \cdot 84 = 420$ nach Italien
c) Nein, in dem Schaubild sind 735 Nennungen aufgeführt.

Beilage zum Arbeitsheft mathe live 5
ISBN: 978-3-12-720314-1

Zeichnungen und Illustrationen: Rudolf Hungreder, Leinfelden; Rudi Warttmann, Nürtingen
Satz: topset Computersatz, Rudi Warttmann, Nürtingen

[einfach]

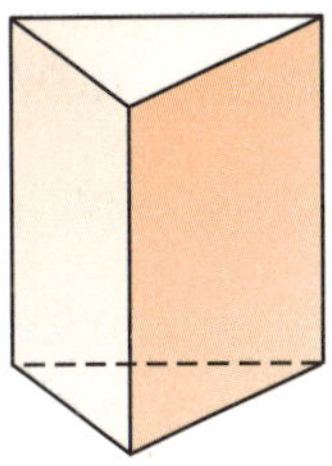

1 Ergänze.
Das Dreiecksprisma hat

.... Flächen und

.... Ecken.

2 Zu welchem Körper gehört das Netz?

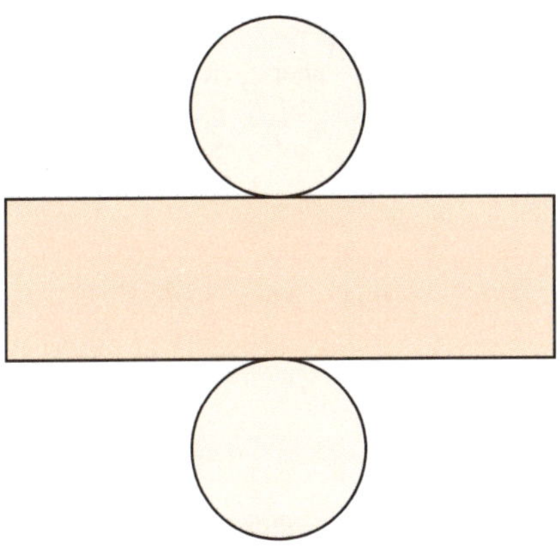

....

3 Ergänze das Schrägbild.

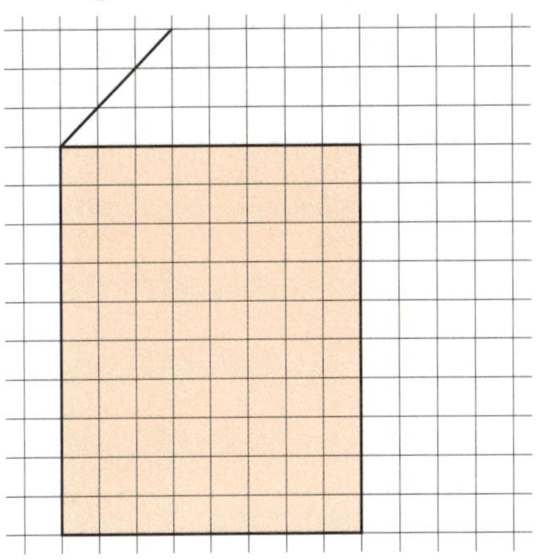

[mittel]

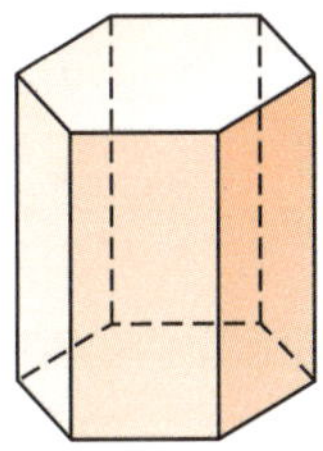

1 Ergänze.
Das Sechsecksprisma hat

.... Flächen,

.... Kanten und

.... Ecken.

2 Ergänze zu einem vollständigen Quadernetz.

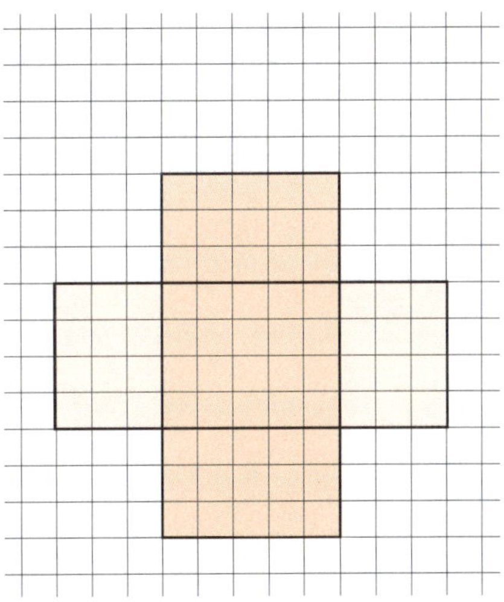

3 Ergänze das Schrägbild.

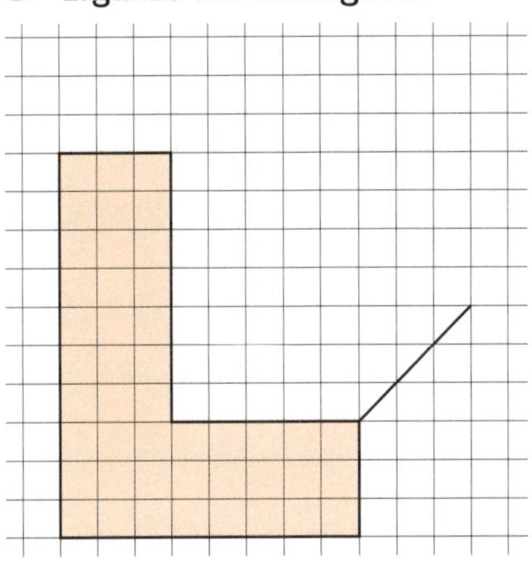

[schwieriger]

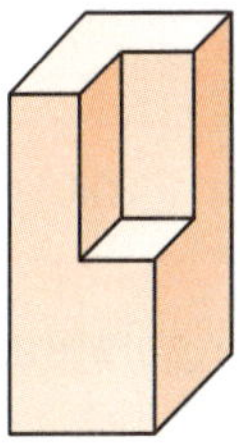

1 Ergänze.
Der abgebildete Körper hat

.... Flächen,

.... Kanten und

.... Ecken.

2 Das Netz der Pyramide wurde falsch gezeichnet. Zeichne die richtigen Linien farbig nach und vervollständige es.

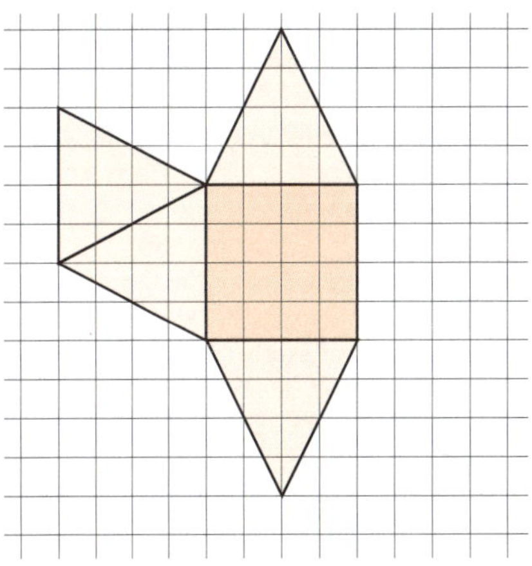

3 Ergänze das Schrägbild.

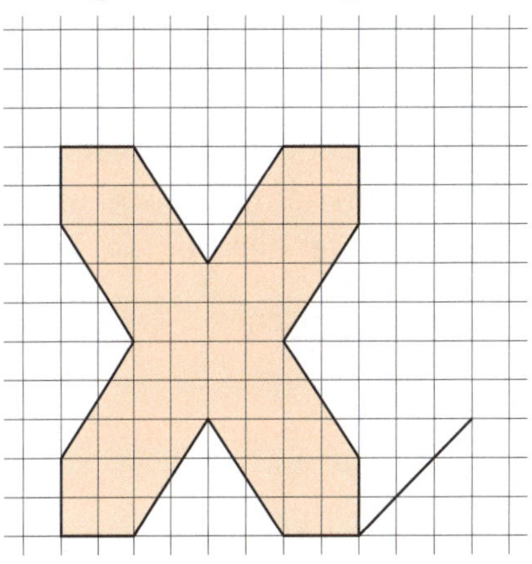

Prüfe anhand der Lösungen in der Beilage.

1 Setze <, =, > ein. Wandle, wenn nötig, um.

a) 5 € 50 ct		5050 ct	b) 12 € 9 ct		12 090 ct	c) 10 € 1 ct		10,10 €
50 € 58 ct		558 ct	7 € 70 ct		7007 ct	700 € 7 ct		70,07 €
23 € 60 ct		23 060 ct	81 € 80 ct		81 080 ct	200 € 200 ct		200,20 €

2 Schätze die ungefähren Kosten für: (Kreise zweimal ein: Preis und Lösungswort)

Aufgabe	Preis	Lösungswort
einen Zirkel	4 € 24 € 43 €	Je Desto Immer
das Mathebuch	9 € 17 € 39 €	weniger mehr nichts
den Bau der Arena auf Schalke	9 Mio € 19 Mio € 192 Mio €	er sie es
einen üblichen Klassenkassenbeitrag pro Jahr	5 € 30 € 125 €	hat bekommt kann
das „Schokoticket" pro Monat (Bus/Bahnfahrkarte für Schüler im Gebiet Rhein/Ruhr)	23 € 52 € 36 €	desto Je wenn
die Tierpatenschaft für einen Koala im Zoo Duisburg pro Jahr	70 € 770 € 7700 €	ärmer älter hungriger
ein Einfamilienhaus mit Garten in Essen	35 000 € 350 000 € 3 500 000 €	Ist wird bleibt
einen Flachbildschirm für den PC	75 € 850 € 290 €	ich du es
die Haftpflichtversicherung für ein Pferd im Jahr	80 € 560 € 1460 €	und aber denn
ein Alu-Mountainbike	50 € 500 € 3680 €	kann hat darf
Eintritt ins „Sealife" Oberhausen, für Schüler	2 € 22 € 11,50 €	er sie es
eine Kugel Eis	0,10 € 0,50 € 2,20 €	nichts alles wenig
einen MP3-Player	8 € 29 € 175 €	gekaut gefressen geklaut
eine Kino-Eintrittskarte	5 € 17 € 26 €	so aber wenn
einen Foto-Abzug	2 € 1,05 € 0,19 €	lebt schläft stirbt
ein Harry-Potter-Buch	6,50 € 29 € 42 €	wir es er

Notiere hier die eingekreisten Worte und du erhältst ein Rätsel. (Kannst du es lösen?)

....

....

Tägliche Kosten im Tierpark

Futter	1 500 €
Strom, Gas, Wasser	1 200 €
Löhne, Gehälter	5 500 €
Reparaturen	1 000 €

Eintrittspreise
Erwachsene 7 €
Kinder 4 €

3 a) Berechne die täglichen Gesamtkosten des Tierparks.
b) An einem normalen Wochentag besuchen etwa 350 Erwachsene und 750 Kinder den Tierpark. Berechne die Einnahmen.

Eintritt Erwachsene 7 € · .... = ... €

Eintritt Kinder 4 € · .... = ... €

Summe: .... €

c) Vergleiche die Einnahmen mit den Kosten. ....

4 Kai möchte das Angebot der Zoohandlung nutzen.

a) Wie viel Geld bleibt ihm für den Kauf von Fischen übrig (denke dabei auch an Futter), wenn er seine gesamten Ersparnisse aufbraucht?

Schleierschwanz	3,50 €
Prachtbarbe	9,40 €
Haibarbe	5,80 €
Kugelfisch	3,30 €
Feuerschwanz	2,90 €
Futter	4,60 €

Angebot
Aquarium mit Pumpe und Filter
nur 74,90 €

Sparguthaben
– Angebot Aquarium
– Futter
Restgeld

b) Stelle verschiedene Möglichkeiten zusammen, welche Fische sich Kai für das restliche Geld kaufen kann.

2 Schleierschwänze
+ 1 Haibarbe
+ ……………………
+ ……………………
+ ……………………

……………………
+ ……………………
+ ……………………
+ ……………………
+ ……………………

5 Berechne, wie teuer der Unterhalt für jedes Haustier im Laufe eines Tierlebens ist.

Hund	
monatliche Kosten:	65 €
jährliche Kosten:	65 € · 12 = 780 €
Gesamt: jährl. Kosten · Lebensalter:	780 € · 14 = €
Katze	
monatliche Kosten:	
jährliche Kosten:	
Gesamt: jährl. Kosten · Lebensalter:	
Kaninchen	
monatliche Kosten:	
jährliche Kosten:	
Gesamt: jährl. Kosten · Lebensalter:	
Hamster	
monatliche Kosten:	
jährliche Kosten:	
Gesamt: jährl. Kosten · Lebensalter:	
Wellensittich	
monatliche Kosten:	
jährliche Kosten:	
Gesamt: jährl. Kosten · Lebensalter:	

So viel kostet ein Haustier:
(in Klammern: durchschnittliche Lebenserwartung in Jahren)

Hund (14) monatlich 65 €

im Laufe seines Lebens*

Katze (15) 25 €

Kaninchen (10) 10 €

Hamster (3) 9 €

Wellensittich (8) 6 €

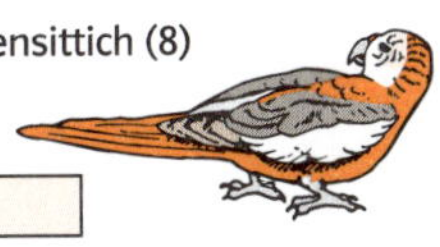

*durchschnittliche Kosten für: Anschaffung, Futter, Zubehör, Arzt u.a.

6 Klassenfahrt zum Reiterhof

Die Klasse 5a mit 29 Schülerinnen und Schülern sowie 2 Lehrkräften möchte während der Wanderwoche zum Reiterhof „Heuwiese" fahren. Auf Anfrage der Klasse hat der Reiterhof folgende Angebote geschickt:

5 Tage
in der Scheune
29,00 € pro Person

Verpflegung (Selberkochen!)
pro Tag 4,25 € pro Person

1 Tag
Zimmer im Haus

mit Vollverpflegung
14,80 € pro Person

a) Berechne die Kosten der Klasse für einen 5-tägigen Aufenthalt im Haus.

....

b) Wie viel kostet ein 5-tägiger Aufenthalt in der Scheune? Vergiss die Kosten für die Verpflegung nicht.

....

c) Welches Angebot ist günstiger? Um wie viel ist es günstiger?

....

d) Das Busunternehmen, das die Fahrten für die Schule durchführt, hat folgendes Angebot gemacht: Hin- und Rückfahrt kosten insgesamt 697,50 €. Wie viel muss jede Person bezahlen?

....

e) Die Klasse wählt das günstigere Angebot. Berechne den Gesamtpreis pro Person für Hinfahrt, Aufenthalt, Verpflegung und Rückfahrt.

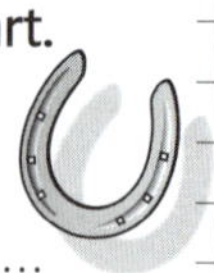

....

....

7 Aktivitäten vor Ort

a) In der Klassenkasse sind 256,40 €, die für Aktivitäten am Reiterhof verwendet werden können. Die Klasse beschließt, zwei Stunden kegeln zu gehen. Wie viel Geld bleibt übrig?

....

b) Das Restgeld wird gerecht in der Klasse aufgeteilt. Wie viel bekommt jede Schülerin und jeder Schüler?

....

c) Jede Schülerin und jeder Schüler darf zusätzlich zu dem Geld aus der Klassenkasse noch 10 € Taschengeld mitnehmen. Nenne drei Möglichkeiten, das Geld so geschickt auszugeben, dass möglichst viel unternommen werden kann.

1. ....

2. ....

3. ....

PREISLISTE

- Schwimmen: 1,75 €
- Kegeln (Bahnmiete pro Stunde): 18 €
- Reitstunde: 6,50 €
- Planwagenfahrt: 3,50 €
- Planwagenfahrt mit Ausflug zur Eisdiele: 5,75 €
- Laubsägearbeiten: 4,50 €
- Minigolf: 2,75 €
- Ausritt ins Gelände: 5,50 €

1 Ordne richtig zu. Schätze zuerst.

Bison:	Igel: ....
Blauwal:	Löwe: ....
Elefant:	Maus: ....
Fuchs:	Ratte: ....
Gorilla:	Reh: ....

250 kg; 50 g; 1000 kg; 136 t; 53 t; 6 t; 275 kg; 50 kg; 70 kg; 10 kg; 500 g; 1200 g

2 Wandle um.

a)	b)	c)
32 t = ... kg	114 t = ... kg	78 t = ... kg
520 kg = ... g	70 kg = ... g	200 kg = ... g
25 g = ... mg	450 g = ... mg	2 g = ... mg
85 kg = ... g	2 t = ... kg	45 kg = ... g

3 a) Schreibe mit Komma.

4575 g = ... kg	6987 mg = ... g	4040 kg = ... t
250 g = ... kg	70 mg = ... g	333 kg = ... t
50 g = ... kg	4 mg = ... g	25 kg = ... t

b) Schreibe ohne Komma.

24,349 kg = ... kg ...... g	8,472 g = ... g ...... mg	4,750 t = ... t ...... kg
7,5 kg = ... g	0,5 t = ... kg	10,2 g = ... mg
0,45 kg = ... g	0,05 t = ... kg	40,04 g = ... mg

4 Ordne die Gewichte der Größe nach.
Beginne mit dem kleinsten Gewicht.

a) $3\frac{1}{2}$ kg; 3400 g; 3 kg 600 g; 3,660 kg: ....

b) $\frac{1}{2}$ kg; 650 g; 0,4 kg; $\frac{3}{4}$ kg: ....

c) 2 t 23 kg; 3,222 t; 2333 kg; 3 t 3 kg: ....

d) 55,6 t; 665 kg; 65,6 kg; 5,65 t: ....

5 Wandle um, schreibe wenn nötig mit Komma.

in Gramm:	in Kilogramm:	in Milligramm:	in Tonnen:
3 kg = ...	5 t = ...	8 g = ...	6000 kg = ...
7 t = ...	37 500 g = ...	90 g = ...	750 kg = ...
9600 mg = ...	70 t 70 kg = ...	4 kg = ...	5 kg = ...
80 kg 19 g = ...	1 kg 1 g = ...	2 kg 70 mg = ...	8000 g = ...
20 mg = ...	650 g = ...	750 g = ...	90 kg = ...

Tipp

Kilogramm ist die Grundeinheit für Gewichte.

Tonne (t)
1 t = 1000 kg
Kilogramm (kg)
1 kg = 1000 g
Gramm (g)
1 g = 1000 mg
Milligramm (mg)

Im Alltag werden Gewichtsangaben häufig in der **Kommaschreibweise** oder **Bruchschreibweise** angegeben.

0,1 t = 100 kg
0,01 kg = 10 g
0,001 g = 1 mg
$\frac{1}{2}$ kg = 500 g $\frac{3}{4}$ t = 750 kg

1 Cent
1 g

1 l
Milch
1 kg

1 Pkw
1 t

6 In welcher Gewichtseinheit würdest du das Gewicht angeben?

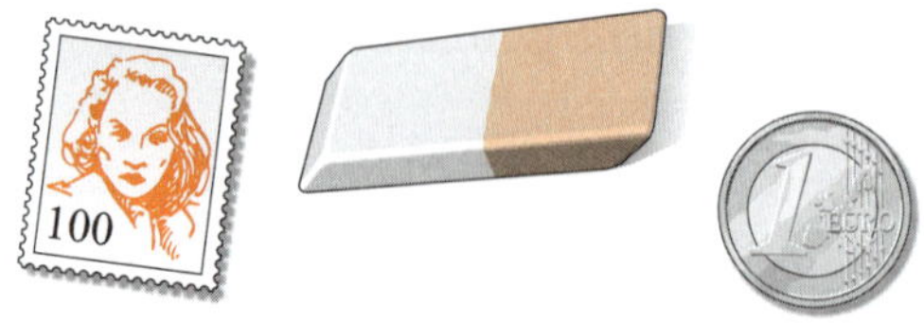

a) eine Briefmarke: ....
b) ein Zug: ....
c) ein Radiergummi: ....
d) dein Mathebuch: ....
e) du selbst: ....
f) ein Lineal: ....
g) ein Arbeitsblatt: ....
h) eine Euromünze: ....
i) eine Flasche Sprudel: ....

7 [●] **Etwas größer als ein Haustier ...**

Folgende Gewichte nimmt man heute für verschiedene, längst ausgestorbene Saurier an.

Brachiosaurus:	*50 t*	*Stegosaurus:*	*1,7 t*
Triceratops:	*8,5 t*	*Tyrannosaurus:*	*7 t*
Protoceratops:	*2 t*	*Trachodon:*	*3 t*

a) Vergleiche das Gewicht eines Brachiosaurus und eines Protoceratops.

....

b) Wie viele Tyrannosaurier sind zusammen etwa so schwer wie ein Brachiosaurus?

....

c) Welches Gewicht müsste ein Felsvorsprung, auf dem von jeder Sauriersorte jeweils einer stehen könnte, mindestens tragen können.

....

d) Welches Gewicht hätte ein Brachiosaurus, nachdem er einen Triceratops und noch einen Trachodon verschlungen hätte?

....

Aber zum Glück brauchten sich die beiden gar keine Sorgen zu machen. Weshalb nicht?

8 Du möchtest für dich und sieben Freunde ein Abendessen kochen. Schätze, wie viele Pakete oder Gläser du einkaufen musst und überschlage dann den Gesamtpreis.

Menü
- Suppe
- Spagetti mit Ketchup
- 3 Kugeln Eis mit Kirschen

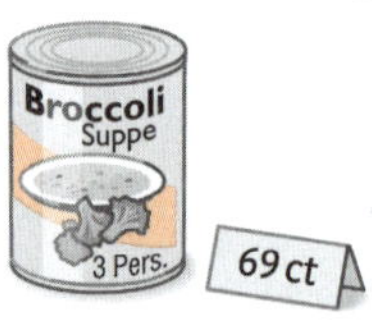

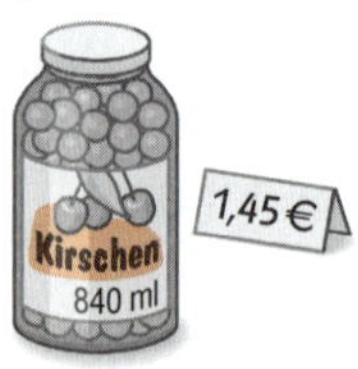

Einkaufszettel

	Anzahl Pakete/Gläser
Suppe	
Nudeln	
Ketchup	
Eis	
Kirschen	

Gesamtpreis

9 [✓] Löse alle Aufgaben. Jeweils zwei Aufgaben (der einen ist ein Buchstabe, der anderen eine Zahl zugeordnet) haben das gleiche Ergebnis. So kannst du erkennen, an welcher Stelle des Lösungswortes welcher Buchstabe stehen muss.

Lösung: ___ ___ ___ ___ ___ ___ ___ ___ ___ ___ ___ ___ ___
1 2 3 4 5 6 7 8 9 10 11 12 13

1
47 kg
+14 kg

T
5 kg − 220 g
 g
− 220 g
 g

8
3,789 t
= kg

W
333 mg · 3

6
40 g =
 mg

12
2,345 t · 4
 kg · 4

9
1 g − 1 mg
 mg

5
3,300 g · 3
 mg · 3

I
801 g − 462 g + 106 g = g

E
91 t · 2
 t

11
1 kg − 500 g =
 g

G
100 kg
− 39 kg

G
1000 g · 1000 =
 g

C
$\frac{1}{2}$ kg
= g

C
4500 mg
+5400 mg
 mg

L
111000 g =
 kg

13
47800 g : 10 =
 g

3
300 t − 125 t + 7 t
= t

2
99 kg
+6 kg 100 g
+5 kg 900 g
= kg

7
1 t =
 g

10
666 mg
−333 mg
−111 mg

I
888 mg : 4 =
 mg

H
10 t − 620 kg =
 kg

4
2,225 kg : 5
 g : 5

E
2500 kg
+1289 kg

H
120000 mg : 3 =
 mg

10 [●] Gib in der angegebenen Größe an.

a) $\frac{1}{2}$kg = ... g b) $\frac{3}{4}$l = ... ml

c) $\frac{1}{4}$kg = ... g d) $\frac{3}{8}$kg = ... g

e) $\frac{3}{4}$t = ... kg f) $\frac{1}{8}$l = ... ml

11 [●] Gib in der angegebenen Größe an.

a) $2\frac{1}{2}$kg = ... kg .... g b) $3\frac{1}{4}$kg = ... , ... kg

c) $1\frac{1}{8}$g = ... mg d) $5\frac{1}{2}$l = ... ml

e) $2\frac{3}{4}$l = ... l .... ml f) $4\frac{3}{8}$l = ... , ... l

12 [●] Für eine Halloweenfeier bereitet die Klasse 5 b mehrere Leckereien zu. Ein Rezept, das sie ausprobieren, siehst du hier abgebildet. Zur besseren Handhabung müssen die Schülerinnen und Schüler die Größenangaben in andere Maßeinheiten umwandeln.

Tipp

Potenz

$5 \cdot 5 \cdot 5 = 5^3 = 125$ (lies: 5 hoch 3)

Grundzahl Hochzahl

13 [●] Schreibe das Produkt als Potenz und rechne aus.

a) $4 \cdot 4 \cdot 4$ = ... = ...

b) $1 \cdot 1 \cdot 1 \cdot 1 \cdot 1 \cdot 1$ = ... = ...

c) $2 \cdot 2 \cdot 2 \cdot 2$ = ... = ...

d) $10 \cdot 10 \cdot 10 \cdot 10 \cdot 10$ = ... = ...

e) $9 \cdot 9 \cdot 9$ = ... = ...

14 [●] Schreibe die Potenz als Produkt und rechne aus.

a) 1^7 = ... = ...

b) 5^2 = ... = ...

c) 7^3 = ... = ...

d) 4^4 = ... = ...

e) 6^3 = ... = ...

Gespensterkuchen

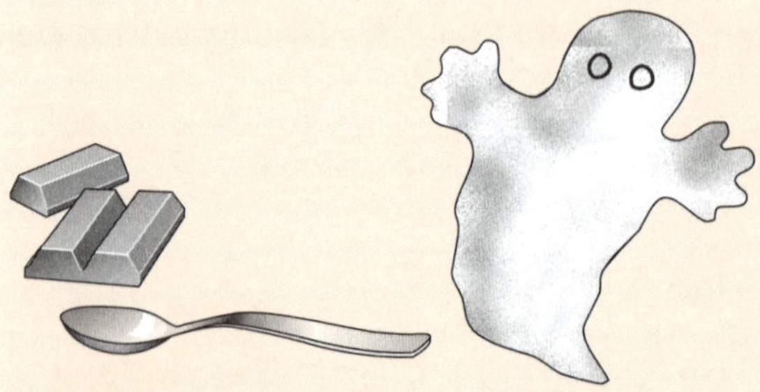

$\frac{1}{10}$kg Zartbitterschokolade kleingehackt (.......... g)

$\frac{1}{5}$kg Butter oder Margarine (................ g)

$\frac{3}{20}$kg Zucker (................ g)

1 Päckchen Vanillezucker

$\frac{3}{4}$ Pfund Mehl (................ g / Tipp: 1 Pfund = 500 g)

3 Teelöffel Backpulver

$\frac{3}{20}$l Milch (................ ml)

Fett für mehrere kleine (Gespenster-)Förmchen (kann man aus Alufolie basteln). Den Backofen auf 200 °C vorheizen, 15 bis 20 Minuten backen. Zum Verzieren: Kokosflocken, Lakritzkonfekt, rote Weingummischnur.

15 Zum Knobeln

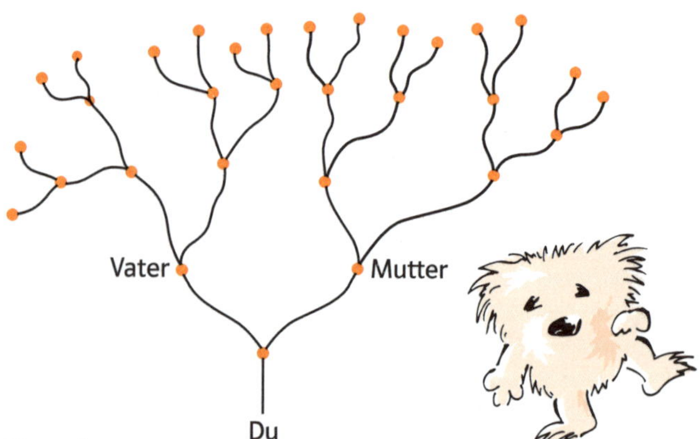

Berechne

a) die Anzahl deiner Ur-Ur-Ur-Großeltern.

....

b) die Anzahl deiner Ur-Ur-Ur-Ur-Ur-Ur-Ur-Ur-Ur-Großeltern.

....

....

1 Eine Rechen- oder Schätzrallye

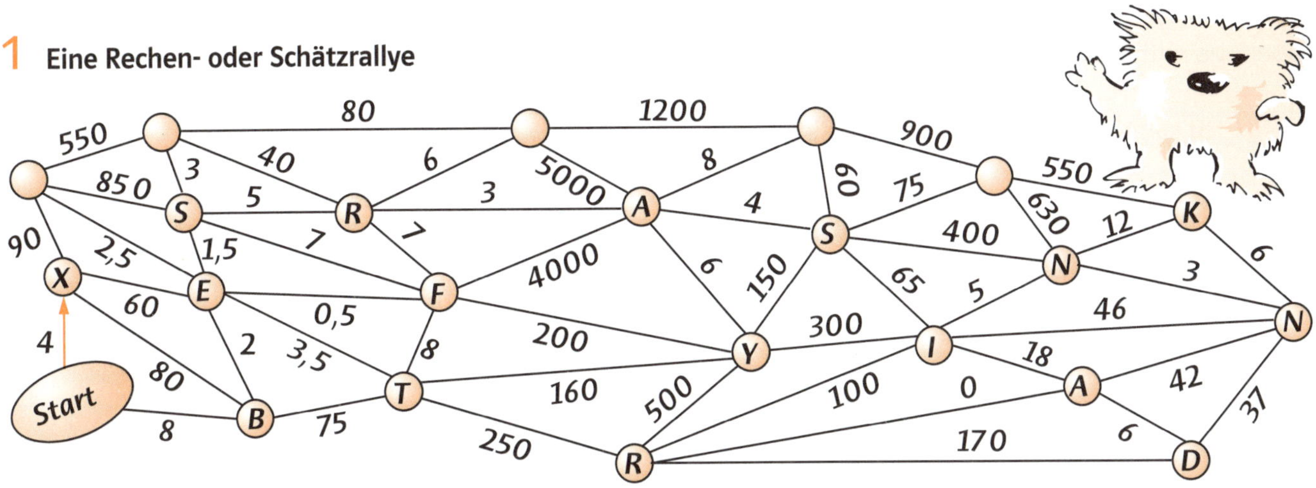

So geht's!
Beginne bei START. Durch Schätzen der gesuchten Zahlen in den unten aufgelisteten Aufgaben findest du den richtigen Weg. Die Wegstrecke mit deiner geschätzten Lösungszahl bringt dich immer zum nächsten Buchstaben. Wenn du die richtige Zahl gar nicht abschätzen kannst, musst du die Ersatzaufgabe lösen. Das Ergebnis nennt dir dann den richtigen Wert. Die Buchstaben, die du nacheinander erreichst, ergeben zusammen – rückwärts gelesen – die Lösung.

___ ___ ___ ___ ___ ___ ___ ___ ___ ___ ___ ___ ___ ___ ___ ___
1 2 3 4 5 6 7 8 9 10 11 12 13 14 15 16

	Schätzaufgaben	Ersatzaufgaben
1.	Ein Murmeltier hat .... Nagezähne.	7 · 28 – 192 =
2.	Ein Feldhase ist etwa .... cm lang.	252 : 6 + 18 =
3.	Ein Wildkaninchen wiegt ca. .... kg.	Der vierte Teil von 10 ist
4.	Ein Walross wiegt ca. .... kg.	17 · 5 · 10 =
5.	Ein Eisbär wird .... m lang.	(51 – 15) : 12 =
6.	Der Wüstenfuchs ist .... cm lang.	3 · 70 – 170 =
7.	Die Hinterbeine einer Wüstenspringmaus sind .... cm lang.	(36 : 12) · 2 =
8.	Man kennt heute ca. .... Säugetierarten.	25 · 2 · 100 =
9.	Eine Kuh hat .... Mägen.	2 · 10 – 2 · 8 =
10.	Ein Turmfalke fliegt ca. .... km/h.	375 : 5 =
11.	Ein Sperling macht ca. .... Flügelschläge pro Minute.	4 · 500 – 1370 =
12.	Der weiße Hai wiegt ca. .... t.	999 : 333 =
13.	Ein Vogel hat eine Körpertemperatur von .... °C.	7 · 8 – 2 · 7 =
14.	Ein Vogel hat im Gebiss .... Zähne.	8 · 25 – 200 =
15.	Eine Taube wiegt ca. .... g,	5 · 5 · 10 · 2 =
16.	... und fliegt mit Rückenwind bis zu .... km/h.	(4 · 80) : 2 =

Lernrückblick

Überlege mithilfe des Lernrückblicks, ob du alles verstanden hast.

1 a) Ich kann mit Geld umgehen, denn ich weiß ....

....

....

....

....

b) Beispiele dafür sind

c) Rechnungen überprüfe ich so: ....

....

....

....

2 a) Mit dem Thema Gewichte kenne ich mich aus, denn ich kann ....

....

....

....

b) Beim Rechnen mit Gewichten achte ich darauf, dass ....

....

....

3 Von Potenzen weiß ich, ...

....

4 Entscheide dich.

☐ Ich fühle mich fit im Bereich „Geld und Gewichte" und mache den Test auf der nächsten Seite.

☐ Bevor ich den Test mache, übe ich erst noch Folgendes: ....

....

[einfach]

1 Berechne.

a) 14 € + 3,50 € = ...

b) 20 € − 12,73 € = ...

c) 5,20 € · 5 = ...

d) 126 € : 6 = ...

2 Wie viel fehlt bis 20 €?

a) 17,50 € ....

b) 6,50 € ....

c) 9,98 € ....

d) 12,50 € ....

3 Berechne.

a) 25 g + 16 g + 47 g = ...

b) 500 mg − 312 mg = ...

c) 6,5 t · 4 = ...

d) 56 t : 7 = ...

4 Schreibe die Potenz als Produkt und rechne aus.

a) 2^4 = ...

b) 3^2 = ...

c) 5^3 = ...

d) 3^4 = ...

5 Wie viele Kinder sind zusammen so schwer wie ein Diplodocus?

....

- *Ein 11-jähriges Kind wiegt durchschnittlich 40 kg.*
- *Ein 11-jähriger Diplodocus wog ca. 40 t.*
- *Eine 11 Wochen alte Etruskerspitzmaus wiegt ca. 2 g.*

[mittel]

1 Berechne.

a) 73,45 € + 29,58 € = ...

b) 156,30 € − 68,44 € = ...

c) 13,45 € · 12 = ...

d) 5067 € : 9 = ...

2 Wie viel fehlt bis 50 €?

a) 3,74 € ....

b) 12,98 € ....

c) 34,49 € ....

d) 40,04 € ....

3 Berechne.

a) 3 kg + 777 g = ...

b) 2 t − 550 kg = ...

c) 13,45 mg · 8 = ...

d) 3608 g : 11 = ...

4 Schreibe die Potenz als Produkt und rechne aus.

a) 8^4 = ...

b) 3^5 = ...

c) 6^3 = ...

d) 5^4 = ...

5 Wie viele Schulklassen sind zusammen so schwer wie ein Diplodocus?

....

....

....

....

....

[schwieriger]

1 Berechne.

a) 7,21 € + 17,68 € + 4,81 € =

....

b) 300 € − 62,34 € − 96,33 € =

....

c) 193,75 € · 24 = ...

d) 54,84 € : 0,12 = ...

2 Wie viel fehlt bis 120 €?

a) 16,78 € ....

b) 49,95 € ....

c) 104,98 € ....

d) 75,95 € ....

3 Berechne.

a) 425 mg + 2030 g + 2 g = ...

b) 9232 kg − 8 t + 7 kg = ...

c) 27,65 g · 13 = ...

d) 1,407 t : 0,201 t = ...

4 Bestimme die fehlende Zahl.

a) $2^{\square}$ = 128 b) $3^{\square}$ = 3

c) $\square^4$ = 81 d) $\square^3$ = 125

e) 9^4 = ... f) 12^3 = ...

g) $5^{\square}$ = 125 h) $4^{\square}$ = 64

5 Vergleiche die Gewichte eines Kindes, eines Diplodocus und einer Etruskerspitzmaus.

....

....

....

....

....

In unserem Alphabet gibt es viel Interessantes zu entdecken …

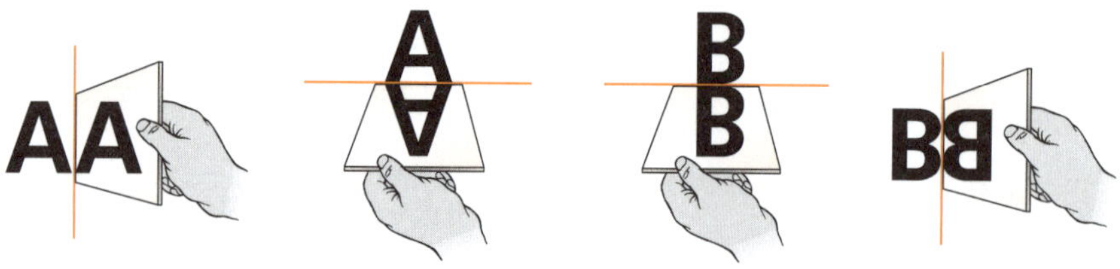

A	B	C	D
E	F	G	H
I	J	K	L
M	N	O	P
Q	R	S	T
U	V	W	X
Y	Z	1	2
3	4	5	6
7	8	9	0

1 a) Sieh dir die großen Buchstaben unseres Alphabets genau an. Manche sind achsensymmetrisch. Welche sind es?

………………………………………………………………………………

………………………………………………………………………………

Tipp: Es sind genau 16 Buchstaben! Zeichne die Symmetrieachsen farbig ein.

b) Welche Buchstaben haben

genau eine Symmetrieachse, ………………………………

genau zwei Symmetrieachsen, ………………………………

mehr als zwei Symmetrieachsen? ………………………………

c) Nenne auch achsensymmetrische Ziffern.

………………………………………………………………………………

2 a) Auf welchem Fahrzeug findest du diese Aufschrift?

TƧЯATOИ

………………………………………

b) Warum wird hier die Spiegelschrift verwendet?

………………………………………

………………………………………

………………………………………

c) Augen auf im Straßenverkehr! Schreibe andere spiegelbildliche Wörter auf, die auf Fahrzeugen stehen:

………………………………………

………………………………………

Überprüfe mit dem Spiegel oder dem Geodreieck.

3 Auch ganze Wörter können achsensymmetrisch sein, z. B.:

HEIKO

a) Aus welchen Buchstaben kannst du solche Wörter bilden?

………………………………………

b) Bilde selbst achsensymmetrische Wörter.

………………………………………

………………………………………

………………………………………

………………………………………

c) Gibt es auch Wörter mit zwei Symmetrieachsen?

………………………………………

………………………………………

4 Achsensymmetrische Wörter eignen sich prima für geheime Botschaften.

a) Dem Verfasser der geheimen Botschaft ist ein Fehler passiert. Finde ihn durch Ergänzen heraus.

b) Schreibe deiner Freundin oder deinem Freund eine eigene geheime Botschaft.

………………………………………

………………………………………

………………………………………

………………………………………

5 **Partnerspiel**

Schreibt die Buchstaben abwechselnd spiegelbildlich auf die entsprechenden Felder. Wer ein Wort vervollständigt, bekommt einen Punkt. Wer zum Schluss die meisten Punkte hat, ist Sieger.

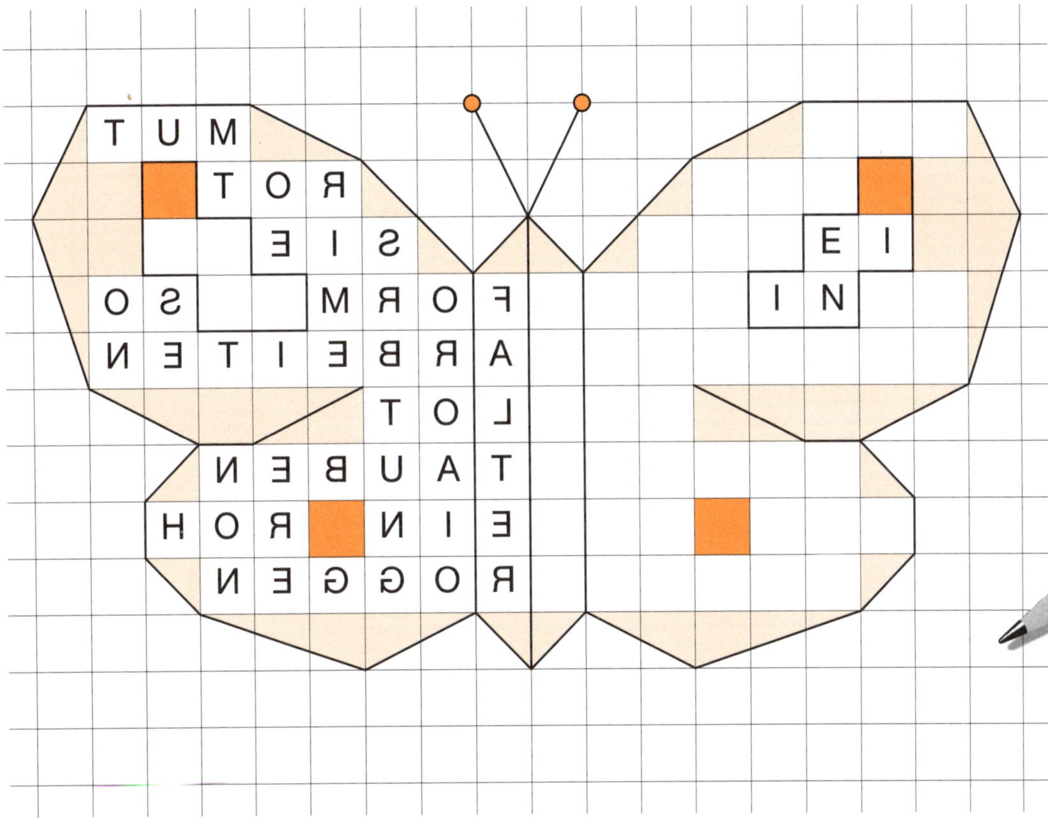

6 Spiegle und vervollständige die Figuren im Quadratgitter. Zähle die Kästchen oder benutze dein Geodreieck für diese Aufgabe.

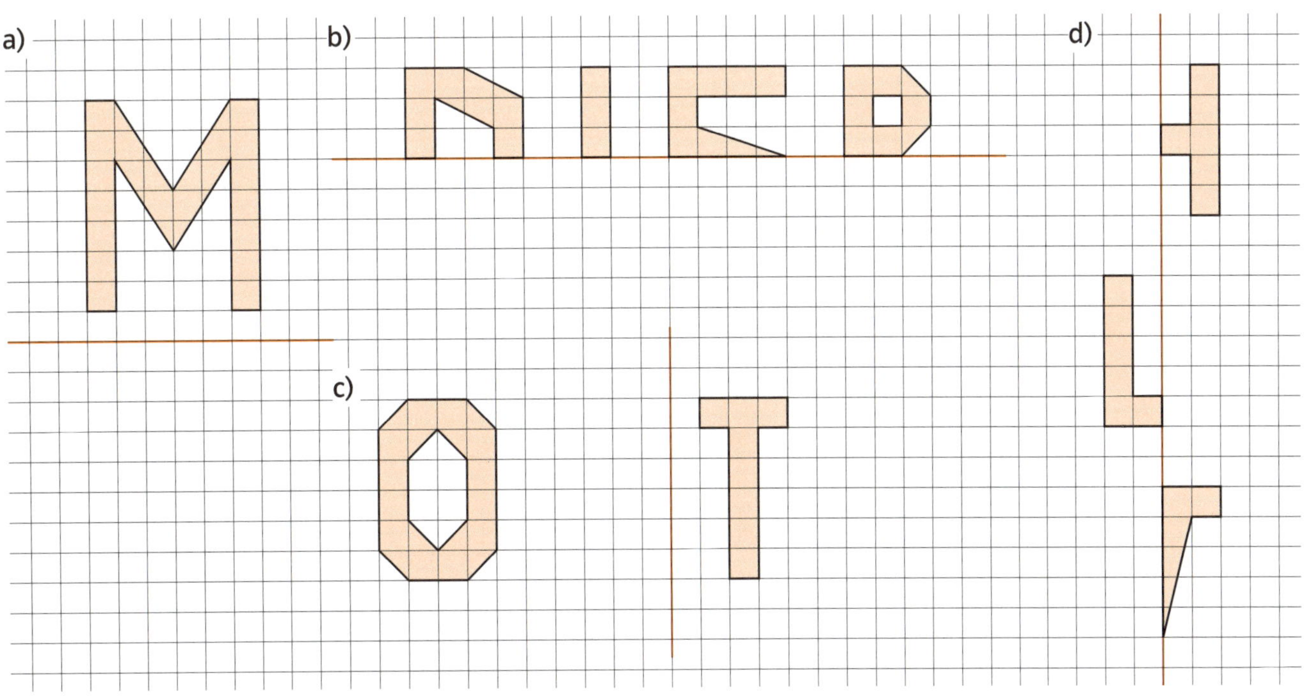

▻ Schülerbuch, Seite 123 bis 128

1 a) Spiegle mit dem Geodreieck.

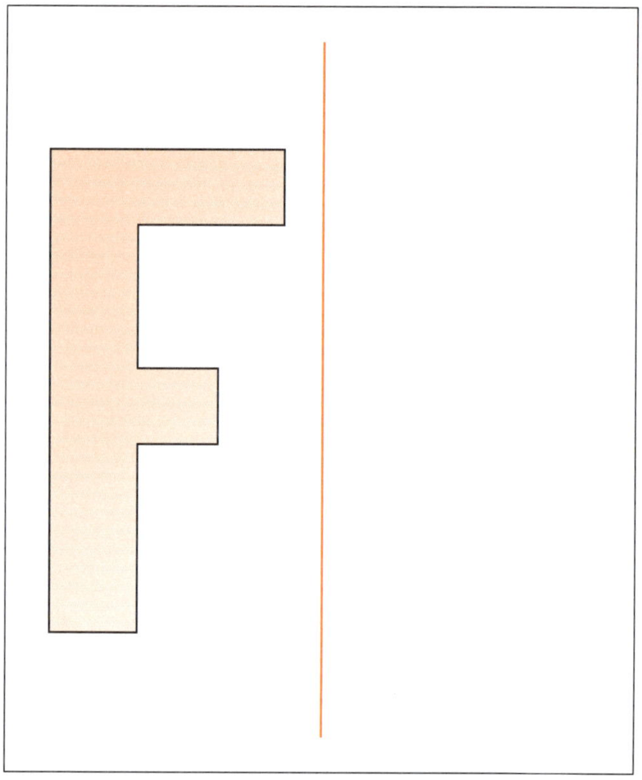

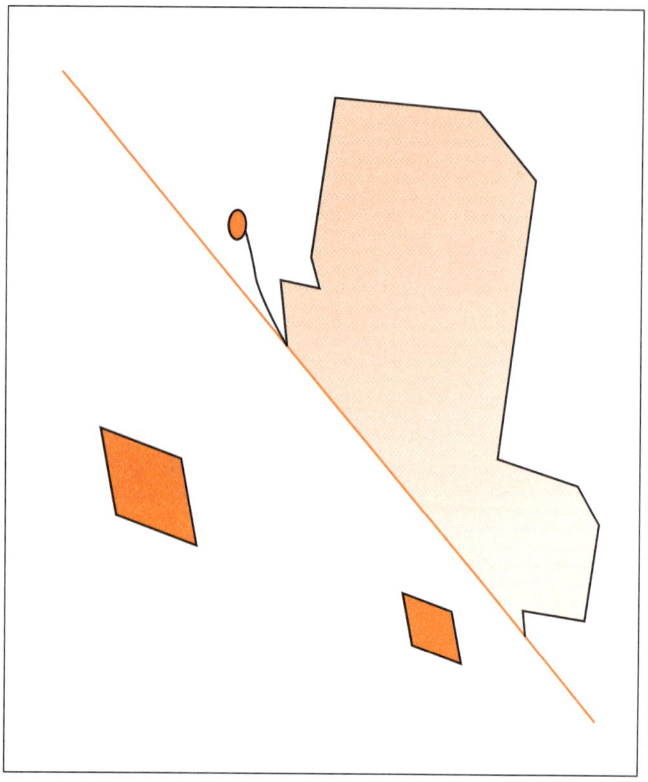

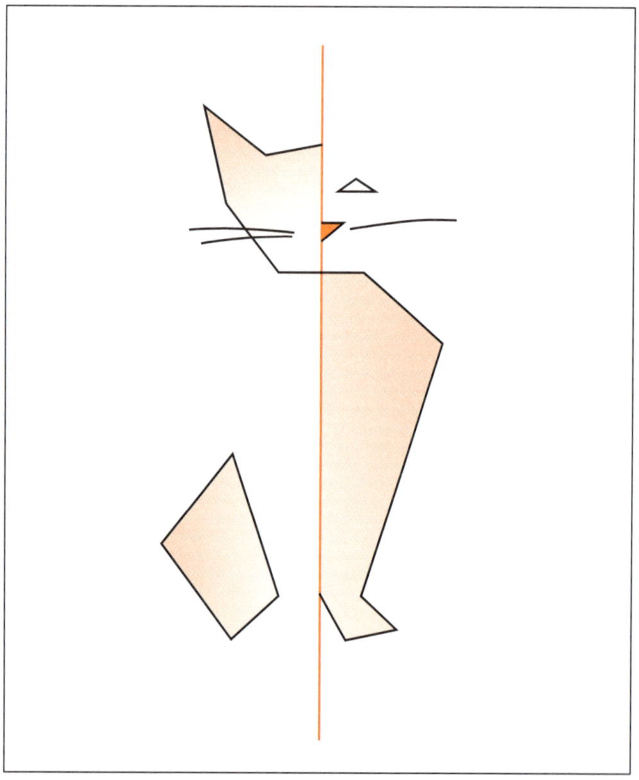

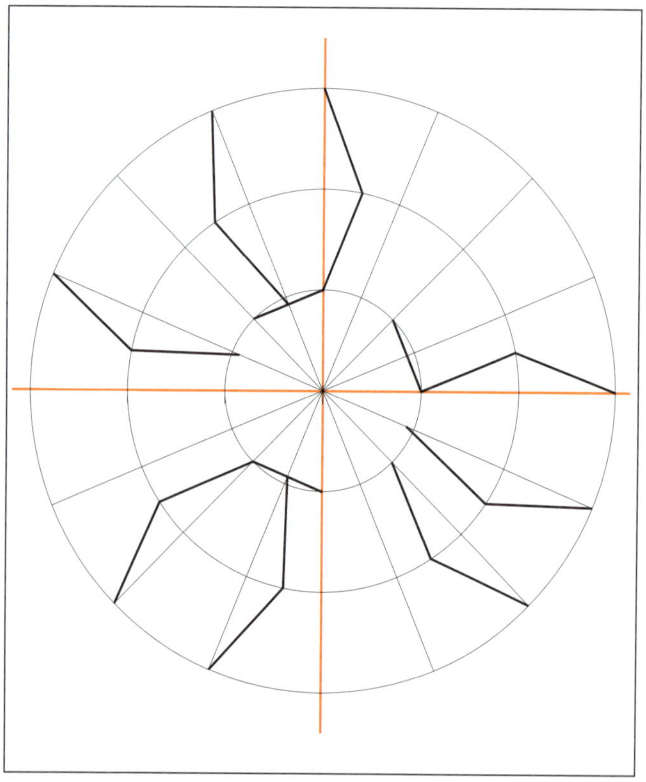

b) Erfinde eigene „Spiegelbilder".

Tipp

Benutze für diese Aufgabe dein Geodreieck. In der vierten Figur musst du jede Linie dreimal spiegeln.

1 a) Bestimmt hast du schon einmal ein Wort oder einen Satz rückwärts geschrieben. Deinen Namen zum Beispiel:

....

Bei den meisten Namen hört sich das ganz schön komisch an. Bei OTTO und ANNA ist das anders. Sie heißen umgedreht

....

und

....

b) Wörter oder Sätze, die vor- und rückwärts gelesen gleich lauten, nennt man Palindrome. Nenne auch andere palindrome Wörter oder Sätze.

....

....

....

c) Nenne palindrome Wörter, die auch achsensymmetrisch sind:

....

2 Auch Zahlen können palindrom sein.

Beispiel 1

Nimm eine beliebige Zahl, drehe sie um und addiere die Zahlen.

```
  517
+ 715
 1232
```

Nimm das Ergebnis, drehe es um und addiere wieder.

```
 1232
+2321
 3553
```

3553

Das Ergebnis ist palindrom.

a) Addiere so lange, bis du eine Palindromzahl erhältst.

8   68   597

b) Versuche es auch mit eigenen Zahlen.

Beispiel 2

Wähle eine andere Zahl, drehe sie um und addiere die Zahlen.

```
  69
+ 96
 165
```

Drehe das Ergebnis wieder um und addiere die Zahlen.

```
 165
+561
 726
```

Drehe das Ergebnis wieder um und addiere die Zahlen.

```
  726
+ 627
 1353
```

Drehe das Ergebnis wieder um und addiere die Zahlen.

```
 1353
+3531
 4884
```

4884

Noch eine palindrome Zahl!

c) Die Zahl 49 wird über zwei Schritte palindrom, während für 193 acht Schritte benötigt werden.

Ob wohl alle Zahlen zu Palindromen werden können?

....

....

....

....

....

....

....

3 Welches Symbol gehört in das freie Kästchen?

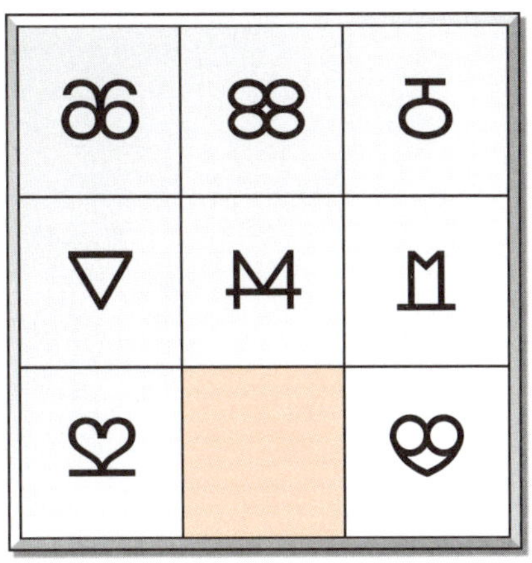

Musterbänder

1 Wie entstehen eigentlich Musterbänder?

....

....

Musterbänder kannst du selbst zeichnen.

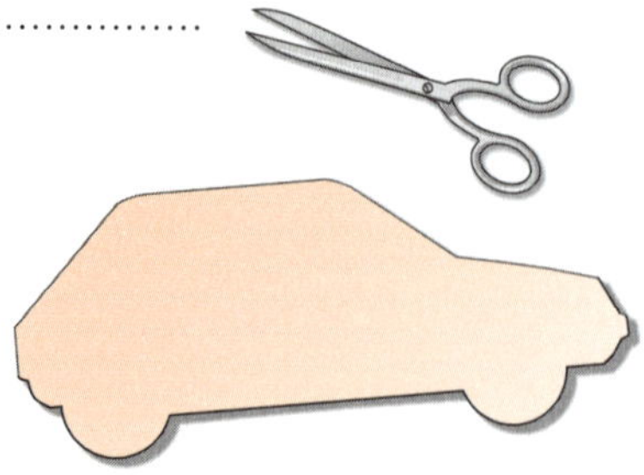

a) Mithilfe einer Schablone

b) Auf Kästchenpapier

c) Mit dem Geodreieck

d) Denke dir selbst ein Musterband aus.

Wenn du möchtest, kannst du dein Musterband auch bunt ausmalen.

▻ Schülerbuch, Seite 130 bis 131

2 Setze die Musterbänder fort.

a)

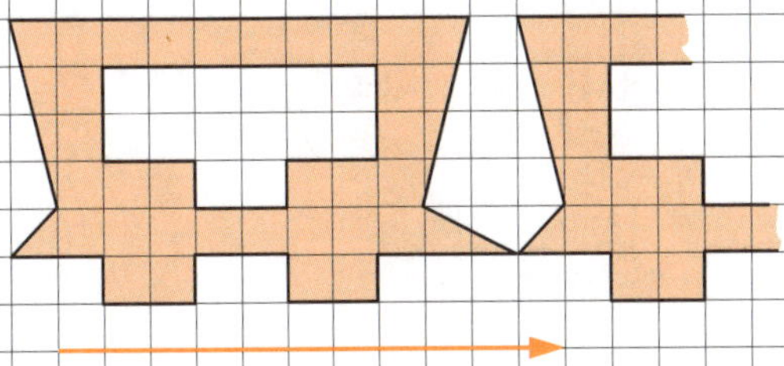

b)

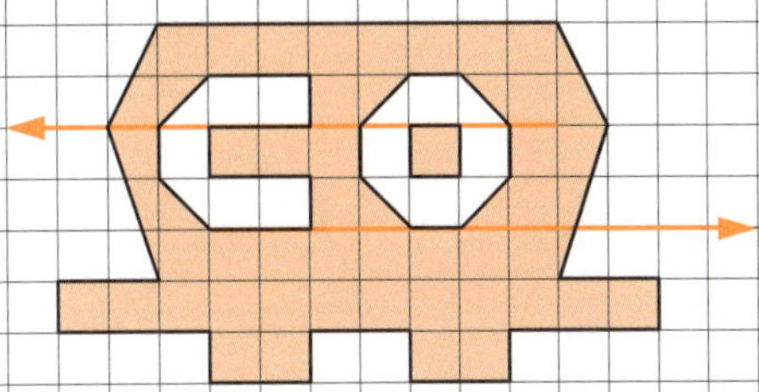

c)

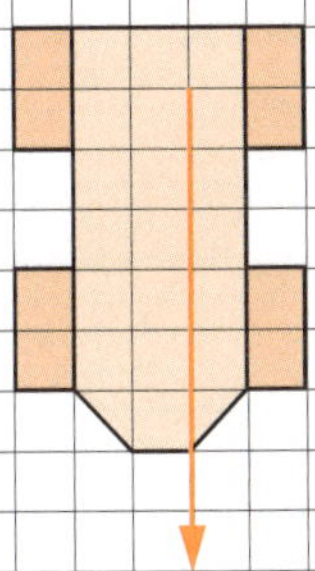

3 Erfinde eigene Musterbänder.

Auf dem Jahrmarkt

Auf dem Jahrmarkt gibt es viele Karussells …

1 Die Karussellwagen müssen um eine halbe Drehung um Z gedreht werden. Ergänze die Zeichnungen.

a)

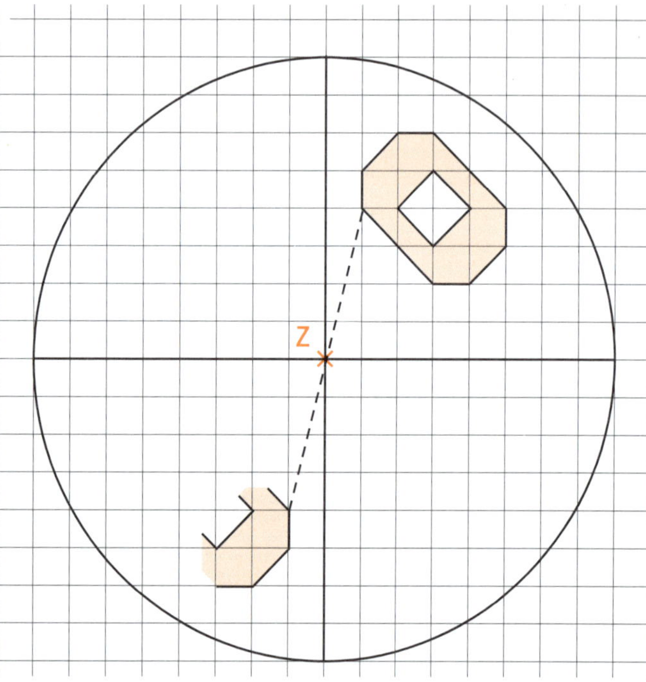

b)

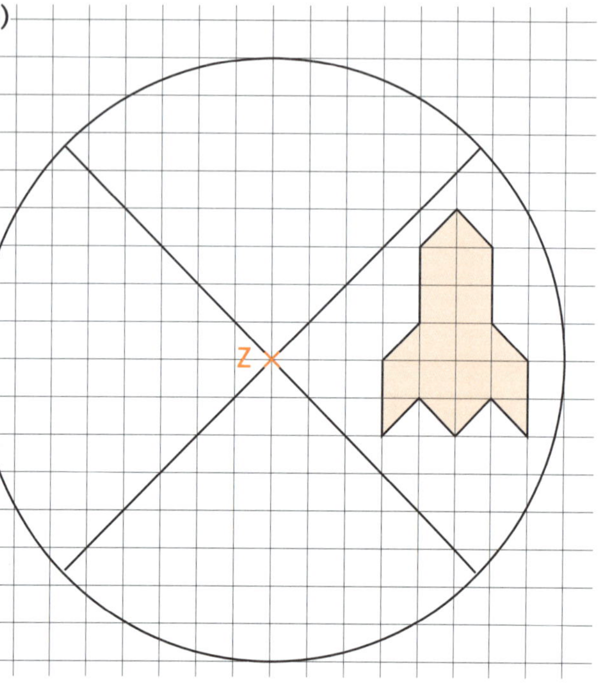

2 Ergänze durch eine Halbdrehung um Z zu punktsymmetrischen Karussellbildern.

a)

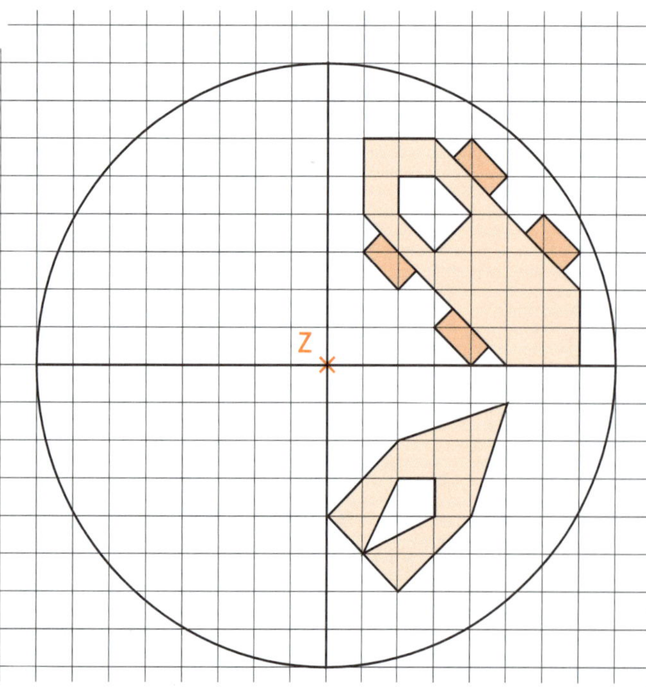

b)

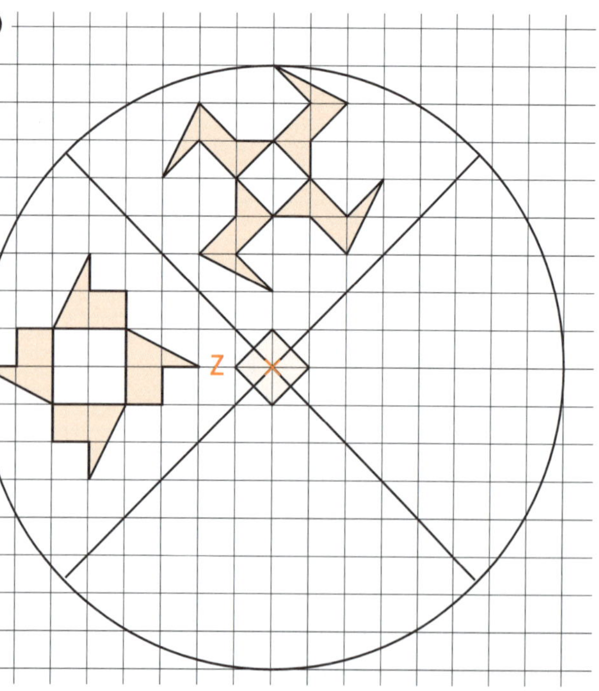

In der Natur kannst du viele Spiralformen entdecken …

1 Zeichne in das Bild der Sonnenblume mit farbigen Stiften Spiralen ein. Verlaufen alle Spiralen in die gleiche Richtung?

2 a) Zeichne in das Bild des Tannenzapfens alle Spiralen, die im Uhrzeigersinn verlaufen, rot ein.
Wie viele sind es?

b) Zeichne nun alle Spiralen ein, die gegen den Uhrzeigersinn verlaufen. Zähle auch sie.

3 Die Zahlen 8 und 13 sind Zahlen der Zahlenfolge 0 1 1 2 3 5 8 13 21 34 …

a) Mit welcher Rechnung bekommst du heraus, welche Zahl als Nächste folgt?

b) Welche Zahlen kommen in der Zahlenfolge als Nächstes? Schreibe einige auf.

c) Suche in deiner Umgebung Spiralen wie Tannenzapfen und Ananas. Zähle die Spiralen im und gegen den Uhrzeigersinn. Gehören sie zu derselben Zahlenfolge?

Lernrückblick

Überlege mithilfe des Lernrückblicks, ob du alles verstanden hast.

1 a) Ich kenne die Verfahren zum Zeichnen von Symmetrien und Mustern:

(A)..

(B)..

(C)..

(D)..

b) Ich kann Beispiele zu den Verfahren zeichnen:

2 Ich kann prüfen, ob ich richtig gezeichnet habe.

a) Bei der Achsensymmetrie ....

....

....

b) Bei der Parallelverschiebung ....

....

....

c) Bei der Punktspiegelung ....

....

....

d) Beim Zeichnen von Spiralen ....

....

....

3 Entscheide dich.

☐ Ich fühle mich fit im Bereich der „Symmetrien und Muster“ und mache den Test auf der nächsten Seite.

☐ Bevor ich den Test mache, übe ich erst noch Folgendes: ....

....

[einfach]

1 Ergänze zum achsensymmetrischen Buchstaben Ypsilon.

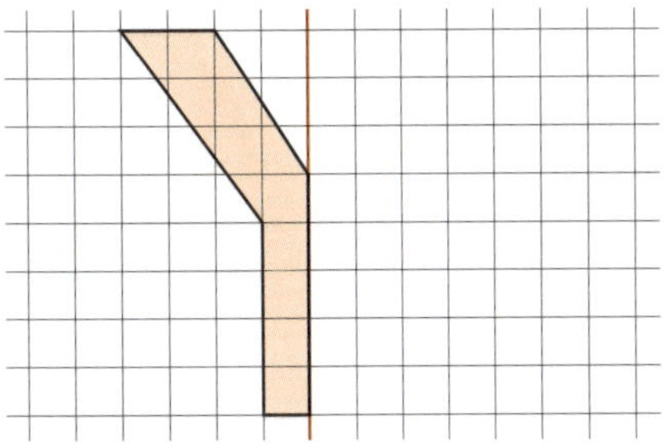

2 Verschiebe die Figur entsprechend des Verschiebungspfeils.

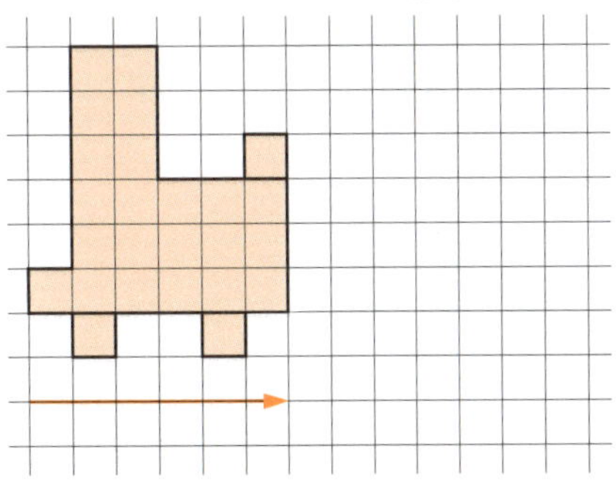

3 Ergänze zu einer punktsymmetrischen Figur.

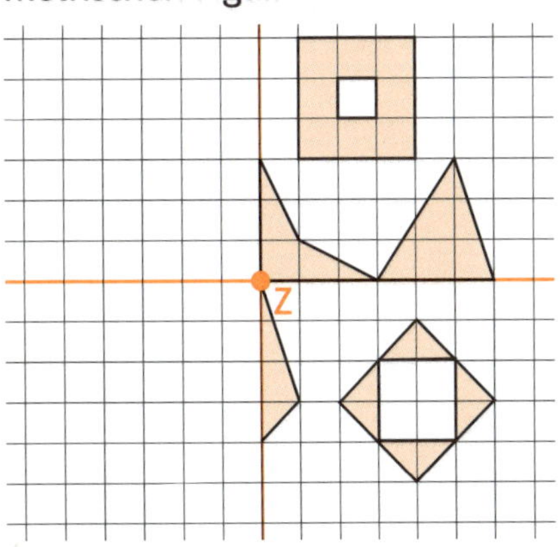

4 Zeichne weitere Windungen der Spirale.

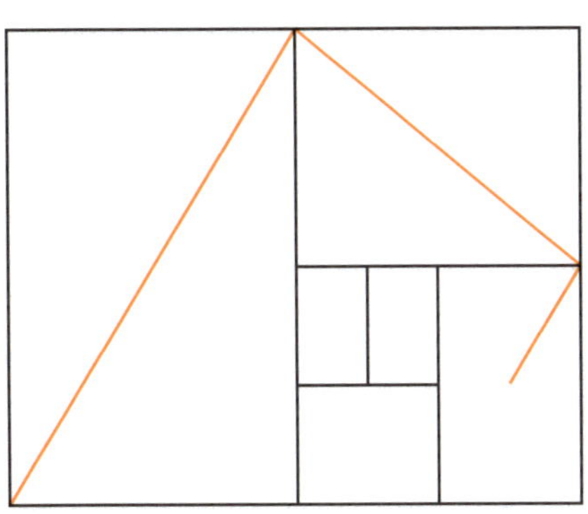

[mittel]

1 Ergänze zum achsensymmetrischen Buchstaben.

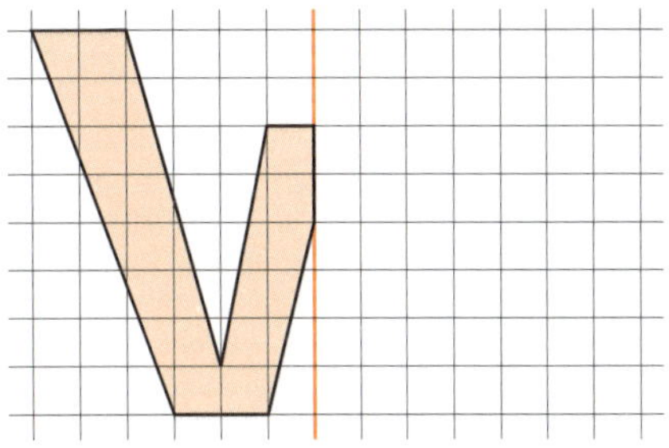

2 Verschiebe die Figur entsprechend des Verschiebungspfeils.

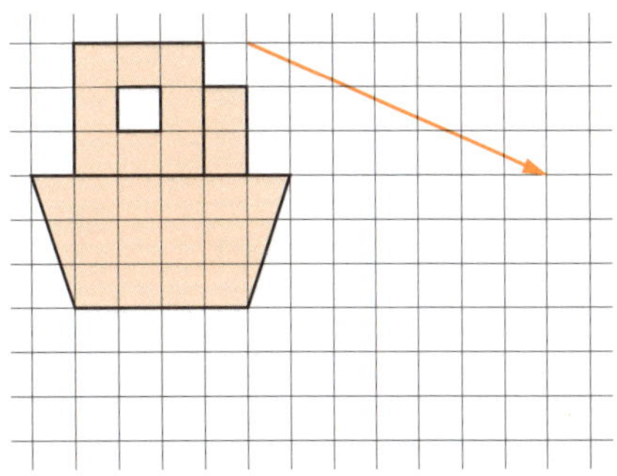

3 Ergänze zu einem punktsymmetrischen Bild.

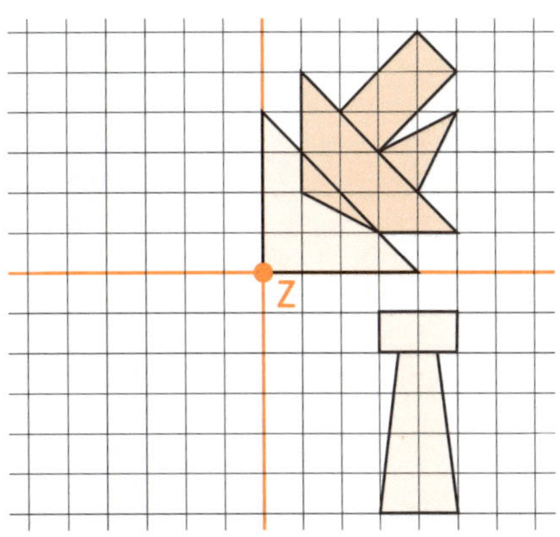

4 Zeichne die Figur weiter.

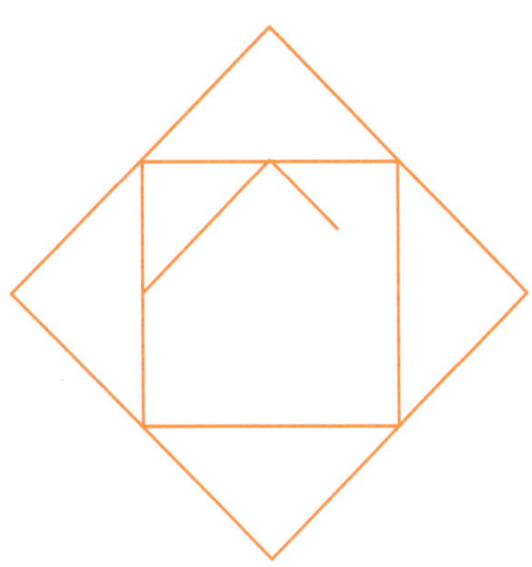

[schwieriger]

1 Ergänze durch Spiegelung zur achsensymmetrischen Figur.

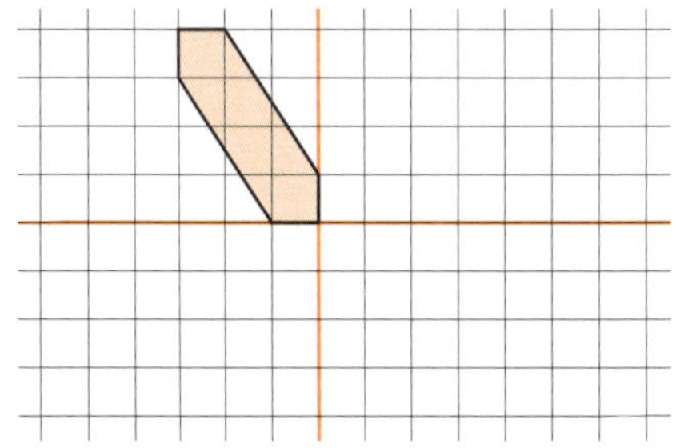

2 Verschiebe die Figur entsprechend der Verschiebungspfeile.

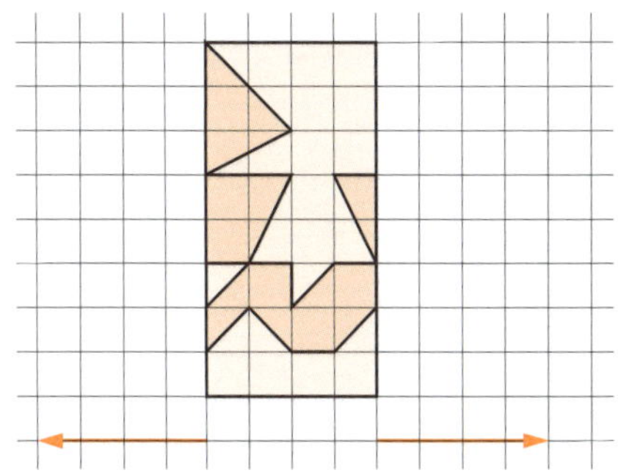

3 Ergänze zu einer punktsymmetrischen Figur.

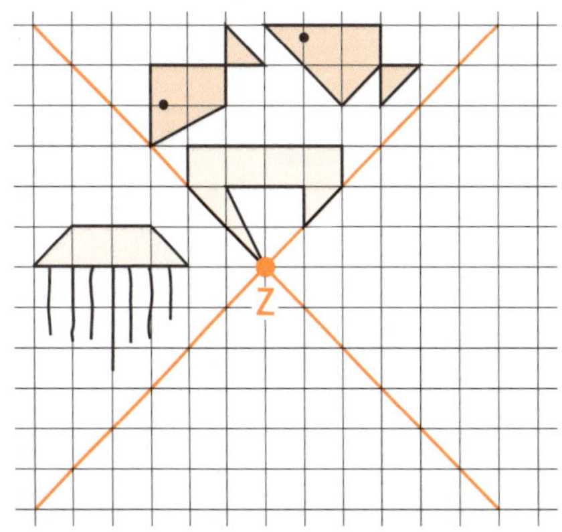

4 Zeichne die Spirale weiter.

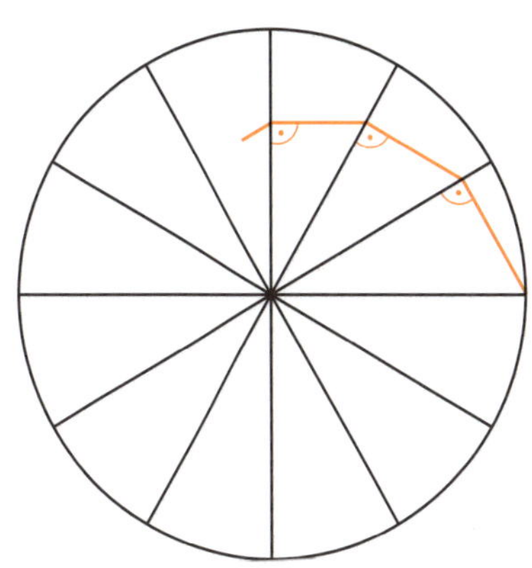

Prüfe anhand der Lösungen in der Beilage.

1 Römische Zahlzeichen begegnen uns auch heutzutage noch an vielen Orten.
Wo findest du römische Zahlzeichen?

....

....

....

....

....

2 [✓] Schreibe mit unseren Zahlen.

III	....		
XX	....	XXV	....
LX	....	MXII	....
LXXI	....	LXV	....
CLX	....	DCVI	....
MDCC	....	MCXI	....

Ergebnisse

65, 60, 1111, 160, 606, 20, 1012, 3, 71, 25, 1700

3 [✓] Schreibe mit unseren Zahlen.

IX	....		
IV	....	XIV	....
XL	....	IL	....
CXIX	....	XD	....
XCV	....	CDI	....
CM	....	IM	....

Ergebnisse

4, 999, 49, 40, 9, 14, 119, 490, 401, 95, 900

4 [✓] Schreibe wie die Römer.

12	....	15	....	20	....	23	....
58	....	59	....	76	....	155	....
222	....	1555	....	2641	....	3149	....

Ergebnisse

LVIII, XX, CCXXII, XII, LIX, MDLV, XV, XXIII, MMDCXLI, LXXVI, CLV, MMMCIL

5 [✓] Auf vielen Häusern kannst du auch heute noch die Aufschrift „Anno Domini" (lat. „Im Jahr des Herrn") und die Jahreszahl in römischen Zahlzeichen lesen. In welchem Jahr wurden die Häuser jeweils erbaut?

MCCCI	....	MDCCXX	....	MDCCLXXI	....
MDLV	....	MCCXII	....	MDCLIV	....
MDCCCI	....	MCMXCIX	....	MM	....
MDCCLXVII	....	MDCCCLIX	....	MIM	....

Ergebnisse

2000, 1654, 1212, 1801, 1555, 1767, 1994,1999, 1859, 1720, 1301, 1771

6 Welche Entfernungen liest du von dem Meilenstein ab, der einmal vor etwa 2000 Jahren an einer römischen Landstraße stand?

....

....

....

....

....

....

7 [●] In der Provinz Salerno ließ der Konsul C. Popilius Laenas (172–156 Jahre vor unserer Zeit) einen Meilenstein mit der abgebildeten Inschrift aufstellen. Du kannst darauf neun römische Zahlzeichen finden. Markiere die römischen Zahlzeichen und schreibe sie in unseren Zahlen.

1. *↓I entspricht 51*
2. ....
3. ....
4. ....
5. ....
6. ....
7. ....
8. ....
9. ....

↓ entspricht dabei dem L für 50 und

Ð entspricht dem sonst üblichen D für 500.

8 Setze die römischen Zahlenfolgen mit mindestens fünf weiteren Zahlzeichen fort.

a) II, IV, VI, VIII, … ....

b) V, X, XV, XX, … ....

c) VII, XIV, XXI, XXVIII, … ....

d) D, DL, DC, DCL, … ....

e) MIII, MVI, MIX, MXII, … ....

f) XLIV, XL, XXXVI, … ....

g) [●] MCMXX, CMLX, CDLXXX, … ....

h) [●] I, II, IV, VII, XI, XVI, … ....

i) [●] I, I, II, III, V, VIII, … ....

9 Ermittle die magische Zahl der römischen Zauberquadrate und ergänze die fehlenden Zahlzeichen.

a)

VIII	XIII	IX	XX
		XIV	VII
XVIII	XI		
		XII	

magische Zahl: ....

b)

V		XV	II
X		VIII	
	XI		IX
XVII			XIV

magische Zahl: ....

c)

VIII	X	XV	I
XI	V		
		IX	VII
	III		

magische Zahl: ....

d)

IV			XVI
		X	
XIV	VIII		III
II		VIII	XVI

magische Zahl: ....

10 [●●] Suche den Weg durch das Labyrinth. Du darfst dich nur waagerecht oder senkrecht, aber nicht diagonal bewegen. Der Weg muss so, wie die Zahlenfolge I; I, II; I, II, III; I, II, III, IV; I, II, III, IV, V; … verlaufen. Überlege zunächst, nach welcher Regel die Zahlenfolge gebildet wird.
Arbeite zuerst mit dem Bleistift, du wirst bestimmt verschiedene Möglichkeiten ausprobieren müssen.

	I	II	V	VI	II	III	IV	V	IV	VII	VIII	I	II	V	VI	VII	VIII	IV	II	IV	V	
	IV	III	IV	VII	I	III	IV	II	VI	I	II	II	III	IV	V	VI	VII	V	II	III	IV	
	V	IV	II	I	I	II	V	I	V	IV	III	IV	IV	III	I	II	VIII	IX	I	II	VII	
	II	III	III	IV	III	II	I	II	IV	V	VII	V	VI	II	I	IV	II	I	VI	VII	VIII	
Start	I	V	IV	III	I	V	I	II	III	II	IV	I	VII	IV	II	VI	III	VIII	V	III	IX	
→	I	I	II	II	III	IV	V	II	IV	I	V	II	I	III	III	IV	I	VII	IV	IX	X	→
	II	II	I	I	I	III	VI	I	V	II	IV	III	II	II	I	V	II	VI	III	VIII	IX	Ziel
	I	I	I	III	V	II	VII	VII	VI	III	III	IV	III	IX	II	III	IV	V	VI	VII	VIII	
	II	II	I	II	I	I	VIII	VI	I	IV	II	V	IV	VIII	VII	VI	IX	VIII	VII	VI	VII	
	I	III	I	II	III	IV	I	V	II	V	I	I	V	IV	VI	V	IV	III	IV	V	VIII	
	II	I	I	V	IV	III	II	IV	III	IV	II	I	VI	VII	VIII	I	IV	II	IV	VI	IX	
	III	I	II	III	V	VI	VII	II	I	VIII	VII	III	III	II	I	II	II	I	III	VII	X	
	IV	I	V	VI	VII	VI	III	II	II	II	VI	V	IV	I	II	III	I	IX	II	VIII	VI	
	I	IV	V	II	I	V	IV	I	II	III	VI	VI	III	II	V	IV	VII	VIII	I	IX	V	
	II	III	I	II	III	IV	V	VI	I	IV	V	VI	II	I	VII	V	VI	III	II	I	I	

Die zweite Nacht

Robert rutschte. Es war immer noch dasselbe: Kaum war er eingeschlafen, ging es los. Immer ging es runter mit ihm. Diesmal war es eine Art Kletterstange. Nicht in die Tiefe gucken, dachte Robert, hielt sich fest und rutschte mit heißen Händen ab, ab, ab, …
Als er mit einem Ruck auf dem weichen Moosboden landete, hörte er ein Kichern. Vor ihm saß auf einem lederbraunen samtweichen Pilz der Zahlenteufel, kleiner, als er ihn in Erinnerung hatte, und sah ihn aus seinen glimmrigen Augen an.

– Wo kommst *du* denn her? fragte er Robert. Der zeigte nach oben. Die Kletterstange reichte weit in die Höhe, und er sah, dass sie oben einen schrägen Strich hatte. Robert war in einem Wäldchen aus lauter riesigen Einsen gelandet.

Die Luft um ihn herum summte. Wie kleine Mücken tanzten ihm lauter Zahlen vor der Nase herum. Er versuchte mit beiden Händen, sie fortzuwedeln, aber es waren zu viele, und er spürte, wie ihn immer mehr von diesen winzigen Zweien, Dreien, Vieren, Fünfen, Sechsen, Siebenen, Achten und Neunen streiften. Robert fand Motten und Nachtfalter sowieso schon ziemlich widerlich, und er mochte es gar nicht, wenn ihm die Biester zu nahe kamen.

…

– Setz dich doch, Robert, sagte der Zahlenteufel.
Diesmal war er überraschend freundlich.

– Wo denn? Auf einem Pilz?
– Warum nicht?

…

– Wie gefällt es dir hier?
– Es geht, sagte Robert. Ich frage mich nur, wer sich das alles ausgedacht hat, diese Zahlenmücken und diese Kletterstange von einer Eins, an der ich runtergerutscht bin. So was wäre mir nie im Traum eingefallen. Das warst du!
– Kann schon sein, sagte der Zahlenteufel und räkelte sich selbstzufrieden auf seinem Pilz. Aber etwas fehlt!
– Was denn?
– Die Null.

Das stimmte. Unter all den Mücken und Motten war keine einzige Null gewesen.

– Warum denn? fragte Robert.
– Weil die Null die letzte Ziffer ist, auf die die Menschen gekommen sind. Das ist auch kein Wunder, die Null ist nämlich die raffinierteste Zahl von allen. Schau mal!

Er fing wieder an, mit seinem Spazierstock etwas an den Himmel zu schreiben, dorthin, wo die baumhohen Einsen eine Lücke ließen: *MCM*

– Wann bist du eigentlich geboren, Robert?
– Ich? 1986, sagte Robert ein wenig widerwillig.

Und der Alte schrieb: *MCMLXXXVI*

– Das kenn ich doch, rief Robert. Das sind diese altmodischen Zahlen, die man manchmal auf dem Friedhof findet.
– Die stammen von den alten Römern. Die Armen hatten es nicht leicht. Ihre Zahlen sind schwer zu entziffern, damit fängt es schon an. Aber die hier kannst du wohl lesen? *I*
– Eins, sagte Robert.
– Und *X*
– X ist zehn.
– Na also. Du, mein Lieber, bist *MCMLXXXVI* geboren.
– Mein Gott, ist das umständlich, stöhnte Robert.
– Eben. Und weißt du, warum? Weil die Römer keine Null hatten.

Tipp

Wie es weitergeht, kannst du in dem Buch „**Der Zahlenteufel**“ erfahren.
Hans Magnus Enzensberger/Rotraut Susanne Berger
Der Zahlenteufel

1 In Deutschland gibt es viele Städte mit unterschiedlich vielen Einwohnern. Trage die Einwohnerzahlen der Städte in die Stellenwerttafel ein und markiere die Millionenstädte. Trage in die letzte Spalte der Tabelle die Reihenfolge der Städte ein.

Tipp

Erkundige dich nach den aktuellen Einwohnerzahlen. Welche Veränderungen gab es? Welche Städte sind größer, welche sind kleiner geworden?

Stadt	Einwohner	Million			Tausend						Reihenfolge
		H	Z	E	H	Z	E	H	Z	E	
Augsburg	260 407				2	6	0	4	0	7	
Bielefeld	328 012										
Berlin	3 387 828										
Bonn	311 938										
Bremen	545 932										
Cottbus	106 415										
Darmstadt	140 078										
Dortmund	588 680										
Düsseldorf	572 663										
Essen	588 084										
Frankfurt	646 889										
Gera	105 153										
Hamburg	1 734 830										
Hannover	515 841										
Karlsruhe	284 163										
Kassel	194 464										
Kiel	233 329										
Köln	969 709										
Leipzig	498 491										
München	1 249 176										
Münster	270 038										
Nürnberg	495 302										
Stuttgart	590 657										
Wuppertal	361 077										

▷ Schülerbuch, Seite 158 bis 160

2 In der Regel werden die Einwohnerzahlen von Städten gerundet angegeben. Runde die Einwohnerzahlen von Seite 54 auf Zehntausender und trage deine gerundeten Zahlen in die Karte ein.

3 [●] Runde die Einwohnerzahlen der Millionenstädte auf Hunderttausender und schreibe wie im Beispiel: *Paris: 2 138 551 ≈ 2,1 Mio.*

Stadt	Einwohner	gerundet
London	7 421 209	
Moskau	10 752 523	
Rom	2 547 932	
Kairo	7 734 614	
Peking	7 480 601	

Stadt	Einwohner	gerundet
Tokio	8 336 599	
Sydney	3 774 894	
Mexiko	8 657 050	
New York	8 107 916	
Rio de Janeiro	6 023 699	

1 [✓] Rechne im Kopf.

a) 42 + 7 = ...
77 + 22 = ...
61 + 18 = ...

b) 57 + 24 = ...
111 + 88 = ...
111 + 99 = ...

c) 11 + ... = 59
53 + ... = 78
24 + ... = 67

d) .... + 23 = 67
.... + 65 = 98
.... + 45 = 92

2 [✓] Addiere senkrecht und waagerecht.

a)

26	58	84
63	19	
89		166

b)

35	16	
67	25	
		143

c)

37		82
55		93
	83	

d)

	19	56
	36	83
84		

3 [✓] Rechne im Kopf.

a) 76 − 32 = ...
97 − 44 = ...
80 − 55 = ...

b) 93 − 38 = ...
81 − 76 = ...
111 − 99 = ...

c) 67 − .... = 44
99 − .... = 17
83 − .... = 26

d) .... − 42 = 81
.... − 16 = 51
.... − 67 = 93

4 [✓] Kreuzzahlrätsel

a	b	c		d	e
f				g	
		h	i		
	j		k	l	
m			n		o
p		q		r	
s					

waagerecht:
a) 66 + 87
d) 53 + 45
f) 376 + 98
g) 77 − 49
h) 25 + 63
k) 95 − 68
m) 35 + 16
n) 1069 − 87
p) 448 + 25
r) 170 − 85
s) 2706 + 185

senkrecht:
a) 57 + 89
b) 76 − 19
c) 376 − 28
d) 46 + 46
e) 963 − 79
i) 885 − 56
j) 6834 − 656
l) 856 − 68
m) 638 − 96
o) 336 − 85
q) 61 − 22

Ergebnisse dieser Seite

5, 12, 23, 25, 25,
27, 28, 33, 37, 38, 39, 41, 43, 44, 44, 45, 47, 47, 48, 49, 51, 51, 53, 55, 55, 57, 57, 67, 77, 79, 81, 82, 82, 85, 88, 92,
92, 98, 99, 102, 123, 139, 146, 153, 160, 175, 199, 210, 251, 348, 473, 474, 542, 788, 829, 884, 982, 2891, 6178

5 [✓] Berechne schriftlich.

a)
```
  14215
  50241
+ 11212
-------
```
b)
```
  23134
  16390
+ 97402
-------
```
c)
```
  58234
  11201
+  7487
-------
```
d)
```
  73125
   2131
+ 30946
-------
```
e)
```
  99999
  54321
- 12345
-------
```
f)
```
  83594
  26241
- 43281
-------
```
g)
```
  35817
   2570
- 19487
-------
```
h)
```
  64921
   5317
- 45825
-------
```

Ergebnisse

13 760, 75 668, 33 333, 136 926, 13 779, 106 202, 14 072, 76 922

6 Ersetze die Leerstellen durch die richtigen Ziffern.

a)
```
  7134_
+  _167
-------
  97__9
```
b)
```
  9_7_1
+ _345_
-------
 _19_97
```
c)
```
  2__95
+ _7638
-------
 1108__
```
d)
```
  94743
+ 75___
-------
 1__230
```

7 [✓] **Rechenquiz**

Trage die richtigen Ergebnisse zusammen mit den richtigen Lösungsbuchstaben ein.

Addiere 15 und 23.		
Subtrahiere 43 von 88.		
Berechne die Summe aus 38 und 54.		
Wie groß ist die Differenz zwischen 76 und 95?		
Ziehe 18 von 42 ab.		
Addiere 92 und 74.		
Berechne 52 plus 65.		
Zähle 39 und 79 zusammen.		
Subtrahiere 36 von 89.		

117	A
45	E
38	R
53	S
19	H
92	C
118	S
166	N
24	E

Wenn du richtig gerechnet hast, erhältst du ein Lösungswort.

....

8 [●] **Knacke den Geheimcode**

Hier wurden Zahlen durch Buchstaben ersetzt. Jeder Buchstabe steht für eine andere Zahl: 0, 1, 2 oder 3. Um das Geheimwort zu finden, setze die Zahlen so ein, dass die Gleichungen richtig sind.

	Y	+		Y	=		L	 0
	L	+		S	=		L	 1
	Y	+		L	=		T	 2
								 3

9 **Zum Knobeln**

Schreibe die Zahlen 1 bis 9 so in die Kästchen, dass die Rechnungen stimmen.

8	–	☐	+	☐	=	4
+		–		+		
☐	+	☐	–	☐	=	0
–		+		–		
☐	–	☐	+	1	=	5
=		=		=		
2	+	7	+	8		

Es gibt mehrere Lösungen, eine Ziffer kann auch mehrmals auftauchen und eine andere gar nicht.

1 [✓] Multipliziere im Kopf.

a)	b)	c)	d)
5 · 7 = ...	3 · 12 = ...	9 · .... = 81	.... · 4 = 48
9 · 8 = ...	9 · 11 = ...	8 · .... = 56	.... · 6 = 60
6 · 7 = ...	3 · 13 = ...	6 · .... = 90	.... · 3 = 51
7 · 8 = ...	4 · 14 = ...	7 · .... = 63	.... · 2 = 72
5 · 9 = ...	4 · 25 = ...	5 · .... = 60	.... · 8 = 200
9 · 6 = ...	6 · 16 = ...	6 · .... = 78	.... · 12 = 144

Ergebnisse

7, 9, 9, 10, 12, 12, 12, 13, 15, 17, 25, 35, 36, 36, 39, 42, 45, 54, 56, 56, 72, 96, 99, 100

2 [✓] Rechenkette

Beginne die Rechenkette mit 1111. Berechne der Reihe nach wie angegeben. Wenn du alle Aufgaben richtig gerechnet hast, erhältst du zum Schluss 3333.

3 [✓] Dividiere im Kopf.

a)	b)	c)	d)
64 : 8 = ...	36 : 9 = ...	88 : .... = 4	.... : 21 = 4
42 : 7 = ...	90 : 3 = ...	90 : .... = 6	.... : 14 = 5
72 : 8 = ...	75 : 15 = ...	78 : .... = 6	.... : 5 = 41
49 : 7 = ...	220 : 22 = ...	99 : .... = 33	.... : 19 = 7
45 : 9 = ...	144 : 12 = ...	51 : .... = 3	.... : 13 = 5

Ergebnisse

3, 4, 5, 5, 6, 7, 8, 9, 10, 12, 13, 15, 17, 22, 30, 65, 70, 84, 133, 205

4 [✓] Kreuzzahlrätsel. Rechne schriftlich.

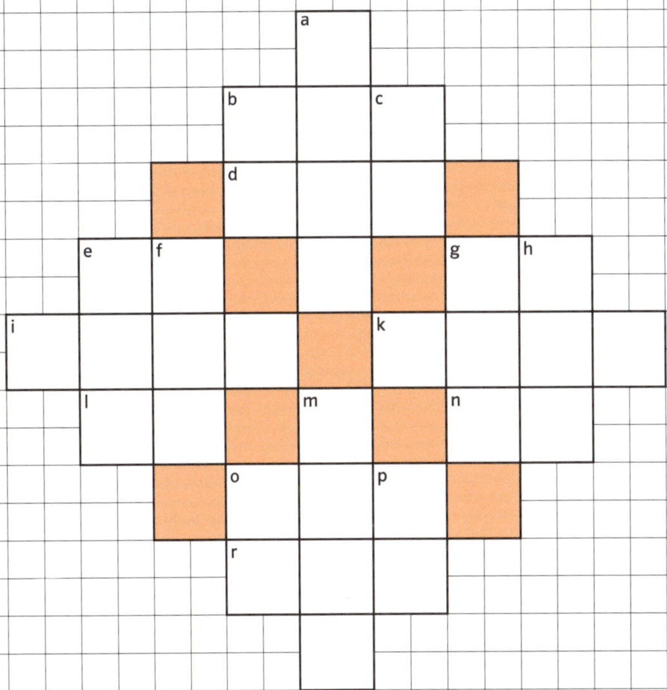

waagerecht

b) 36 · 16

d) 835 : 5 =

e) 923 : 13 =

i) 304 · 18

g) 272 : 8 =

k) 397 · 24

l) 630 : 15 =

n) 392 : 14 =

o) 61 · 8

r) 4424 : 7 =

senkrecht

a) 423 · 16

b) 17 · 3

c) 603 : 9 =

f) 2064 : 12 =

e) 186 · 4

g) 22 · 16

h) 1712 : 4 =

m) 108 · 17

Vermischtes

1 [✓] Rechne wie im Beispiel. Denke daran, Punktrechnung kommt vor Strichrechnung.
Beispiel: $7 + 3 \cdot 5 = 7 + 15 = 22$

$5 + 4 \cdot 6 =$ .... = ...	$122 - 3 \cdot 7 =$ .... = ...
$12 + 2 \cdot 9 =$ .... = ...	$347 - 8 \cdot 5 =$ .... = ...
$83 + 5 \cdot 9 =$ .... = ...	$563 - 13 \cdot 3 =$ .... = ...
$71 + 35 : 5 =$ .... = ...	$272 - 81 : 9 =$ .... = ...
$39 + 56 : 7 =$ .... = ...	$487 - 72 : 12 =$ .... = ...
$68 + 60 : 12 =$ .... = ...	$410 - 121 : 11 =$ .... = ...

Ergebnisse

481, 128, 29, 263, 47, 399, 78, 101, 30, 524, 307, 73

2 **Zahlenzauber**

a) Denke dir eine Zahl unter 100 aus.

Addiere 12 zu deiner gedachten Zahl.

Verdopple das Ergebnis.

Ziehe dann 15 ab.

Subtrahiere deine gedachte Zahl.

Addiere zum Ergebnis 13.

Ziehe deine gedachte Zahl ab.

Multipliziere das Ergebnis mit 3.

Was meinst du?
Kommt hier immer dasselbe raus?

....

....

b) Notiere eine beliebige Zahl.

Addiere 3 zu deiner Zahl.

Verdopple das Ergebnis.

Ziehe 5 ab.

Addiere dazu deine gedachte Zahl.

Zähle nochmals 17 dazu.

Teile das Ergebnis durch 3.

Subtrahiere 6.

Du hast richtig gerechnet, wenn du deine gedachte Zahl vom Anfang als Ergebnis erhältst.

....

....

c) Schreibe eine beliebige Zahl mit drei verschiedenen Ziffern auf.

Schreibe sie noch einmal umgekehrt auf.

Subtrahiere die kleinere von der größeren Zahl.

Schreibe auch diese Zahl noch einmal in umgekehrter Reihenfolge auf.
(Wenn diese neue Zahl nur zwei Ziffern haben sollte, ergänze hinten durch eine 0.)

Diese beiden neuen Zahlen musst du addieren.

Vergleiche dein Ergebnis mit dem Ergebnis deiner Freundin oder deines Freundes.
Fällt euch etwas auf?

....

....

3 [✓] Rechne wie im Beispiel. Denke daran, die Klammerrechnung geht vor.

Beispiel: *(7 + 3)* · 5 = *10* · 5 = 50

(5 + 4) · 6 = ... = ...	(122 − 118) · 7 = ... = ...
(9 + 2) · 8 = ... = ...	(47 − 34) · 5 = ... = ...
(13 + 2) · 4 = ... = ...	(53 − 41) · 3 = ... = ...
(22 + 18) : 5 = ... = ...	(272 − 209) : 9 = ... = ...
(16 + 36) : 4 = ... = ...	(487 − 355) : 12 = ... = ...
(84 + 60) : 12 = ... = ...	(410 − 326) : 14 = ... = ...

Ergebnisse

7, 28, 13, 60, 6, 36, 11, 88, 12, 54, 8, 65

4 [●] Die Multiplikation zweistelliger Zahlen kannst du leicht im Kopf durchführen, wenn du wie im Beispiel vorgehst.

12 · 8

= (*10* + *2*) · 8

= 80 + 16 = 96

Die inneren und die äußeren Zahlen des Spinnennetzes sollen jeweils miteinander multipliziert werden. Trage die Ergebnisse in den äußeren Feldern ein.

Ergebnisse

84, 171, 64, 168, 36, 252, 54, 217

120, 51, 154, 91, 297, 100, 78, 138, 75, 232, 96, 192

5 [●] Setze die Klammern so, dass die Gleichungen stimmen.

14 + 35 : 7 = 7

4 · 45 + 66 · 2 = 888

28 + 22 − 7 · 5 = 103

135 − 55 + 16 : 8 = 82

82 + 75 − 7 · 28 − 24 = 600

6 [●●] **Zahlenfußball**

Benutze die Zahlen 2, 4, 9, 24 und die Rechenzeichen +, −, ·, :, (), um fehlerfreie Gleichungen zu erhalten. Fülle möglichst alle Fußbälle in jeder Aufgabenzeile aus.

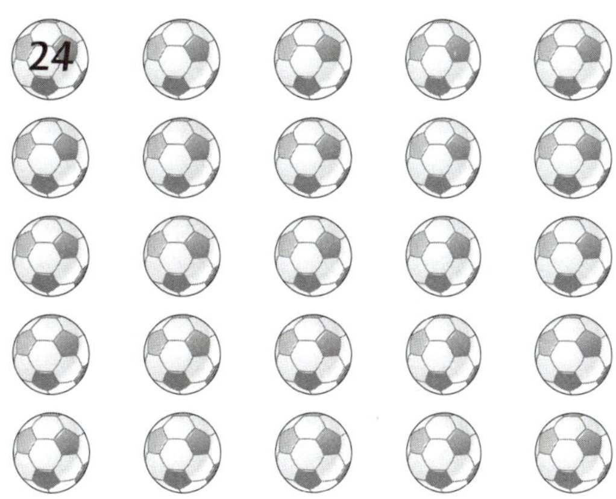

= 1

= 2

= 3

= 4

= 5

7 Trage die fehlenden Zahlen so in die freien Kästchen ein, dass sich waagerecht, senkrecht und diagonal die Zahl im „Dach" als Summe ergibt.

a) Dach: 132

48		32
		40

b) Dach: 156

		76
84	52	

c) Dach: 204

	68	
92		60

d) Dach: 78

30		
28		32

8 [●] Setze + und − richtig ein.

a) 54 ☐ 22 ☐ 17 ☐ 36 = 51

b) 36 ☐ 17 ☐ 28 ☐ 37 = 62

c) 72 ☐ 23 ☐ 42 ☐ 34 = 57

d) 45 ☐ 16 ☐ 14 ☐ 66 = 81

e) 31 ☐ 24 ☐ 17 ☐ 19 = 19

f) 29 ☐ 33 ☐ 24 ☐ 47 = 85

9 [●] Setze +, − und · richtig ein.

a) 12 ☐ 3 ☐ 3 ☐ 17 = 20

b) 4 ☐ 4 ☐ 5 ☐ 1 = 20

c) 18 ☐ 2 ☐ 28 ☐ 12 = 20

d) 53 ☐ 18 ☐ 17 ☐ 3 = 20

e) 3 ☐ 16 ☐ 7 ☐ 95 = 20

f) 72 ☐ 13 ☐ 13 ☐ 5 = 20

10 [●] Welche Ziffern gehören in die farbigen Felder?

a)
3 ·
8
3 0 7
5 3 8

b)
· 5 3 8
2 2 0 2

c)
7 ·
3 7 6
2 0 3
4 6

d)
· 7
3 8 1
8 9
5

11 [●] **Zu guter Letzt.**

Zum Auslaufen noch eine kleine Lockerungsübung. Jeder Buchstabe dieser Rechnung steht für eine der Ziffern 1 bis 9. Jede Ziffer kommt nur einmal vor.

1 Könnten aus den Netzen Würfel gefaltet werden? Wenn ja, dann male die gegenüberliegenden Seitenflächen gleichfarbig aus.

a)
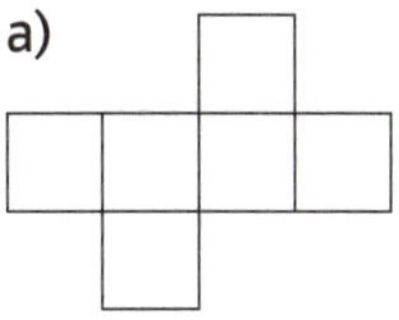
b)
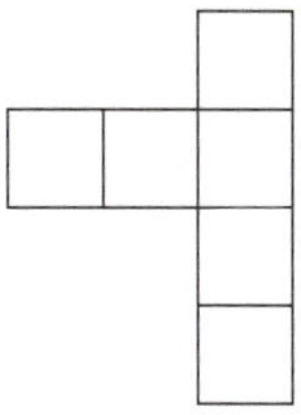
c)
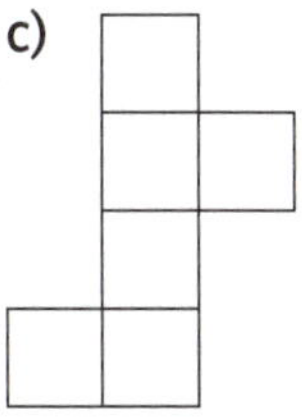
d)
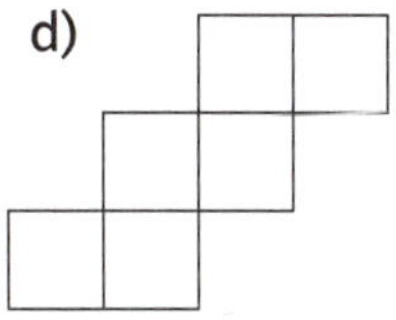

2 Betrachte die Zeichnung.

a) Wie viele Dreiecke entdeckst du in der Figur?

....

b) Welche Arten von Vierecken kannst du erkennen?

....

....

c) Wie viele kleine Dreiecke sind

die Hälfte ....,

ein Viertel ....,

ein Achtel ....,

ein Sechzehntel ....

des großen Dreiecks?

d) Welchen Bruchteil des großen Dreiecks bilden die gefärbten Dreiecke?

....

3 Welche der abgebildeten Spielkarten sind

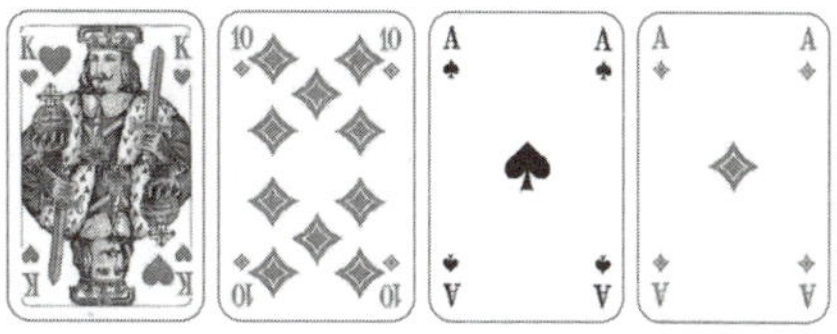

a) nur achsensymmetrisch?

....

b) nur punktsymmetrisch?

....

c) sowohl achsen- als auch punktsymmetrisch?

....

....

4 Ein Füller kostet 12 €, ein Tintenkiller 1,50 €, ein Bleistift kostet 1,20 €, ein Radiergummi 0,80 €. Erkläre mit eigenen Worten, worum es bei der Aufgabe geht.

a) $2 \cdot 1{,}50$

....

b) $3 \cdot 1{,}20 + 0{,}80$

....

....

c) $20 - (12 + 2 \cdot 1{,}50)$

....

....

5 Gewichtsvergleich
Ordne nach Gewicht.

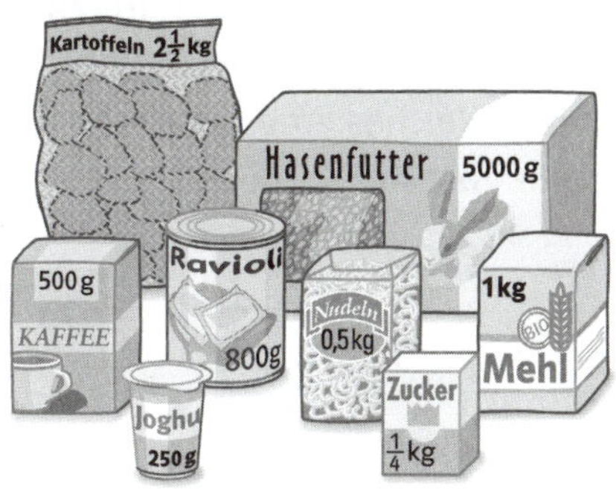

....

....

6 Preisvergleich
Vergleiche die Preise der abgebildeten Angebote. Lohnt es sich immer Großpackungen zu kaufen?

Nudeln

1 Packung allein kostet ....
Eine Packung im Großpack kostet

....

Günstiger ist ....

Saft

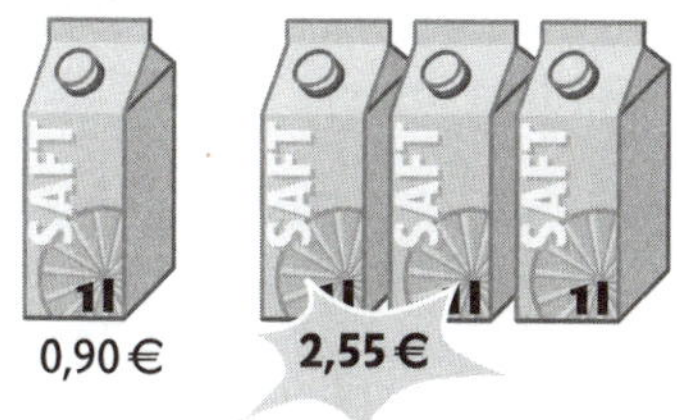

....

....

....

Schokolade

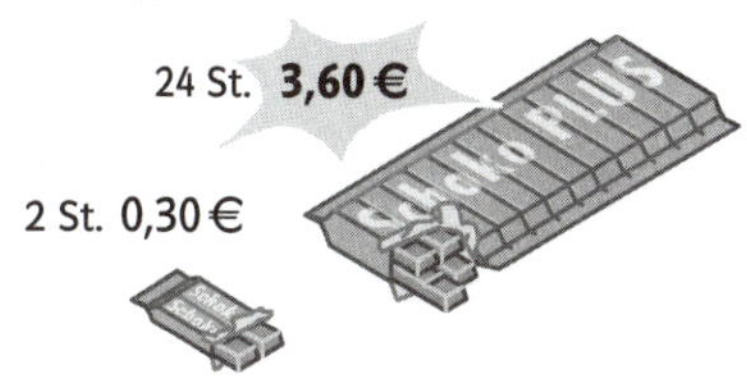

....

....

....

Reis

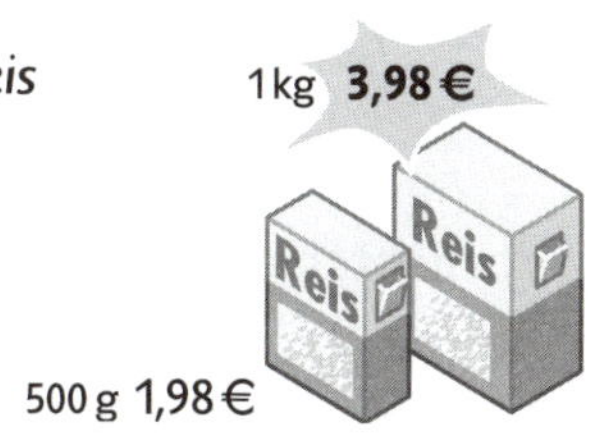

....

....

....

7 a) Sieh dir die Figuren genau an. Zeichne Figur (4).

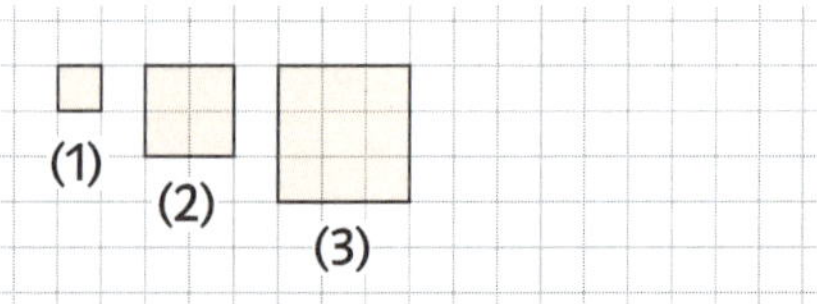

b) Figur (1) besteht aus 1 kleinem Quadrat, Figur (2) besteht aus 4 kleinen Quadraten, … , Figur (6)

besteht aus .... Quadraten.

c) Erkläre, wie du b) gelöst hast.

....

....

8 Eine Umfrage zum Thema „Lieblingsmusik“ ergab:

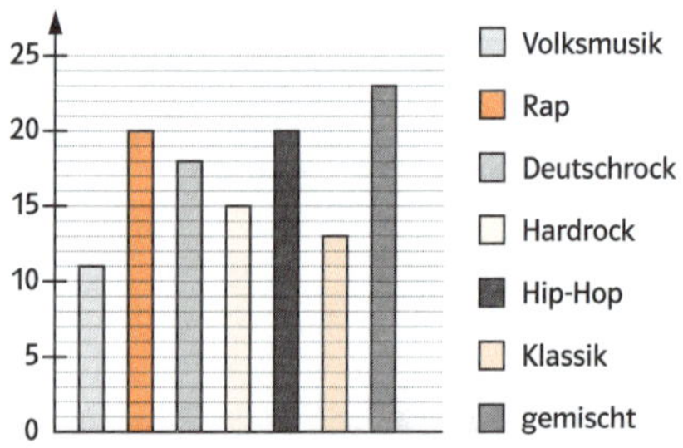

Entscheide, ob die Aussagen richtig oder falsch sind.

a) Am beliebtesten ist Hip-Hop.

richtig ☐ falsch ☐

b) Am unbeliebtesten ist Volksmusik.

richtig ☐ falsch ☐

c) Insgesamt haben mehr als 120 Kinder an der Umfrage teilgenommen.

richtig ☐ falsch ☐

d) Rap ist beliebter als Hardrock.

richtig ☐ falsch ☐

e) Es mögen mehr Kinder Hip-Hop als Volksmusik oder Deutschrock.

richtig ☐ falsch ☐

9 Kreuze an, ob es sinnvoll ist zu runden.

	ja	nein
Der Neuwagen kostet 19 999 €.		
Maurice wohnt im Haus mit der Nr. 199.		
Tokio hat 34 112 534 Einwohner.		
Lauras Telefonnummer lautet 4 837 101.		
Sarah hatte beim Handball 27 Treffer.		

10 Lara fährt gerne Inliner. Mithilfe ihres Tachometers bestimmt sie ihre gefahrenen Kilometer.

a) Lara fährt von 16.00 Uhr bis 17.00 Uhr 12 Kilometer. Schreibe einen kurzen Text dazu:

....

....

....

und erstelle ein passendes Weg-Zeit-Diagramm:

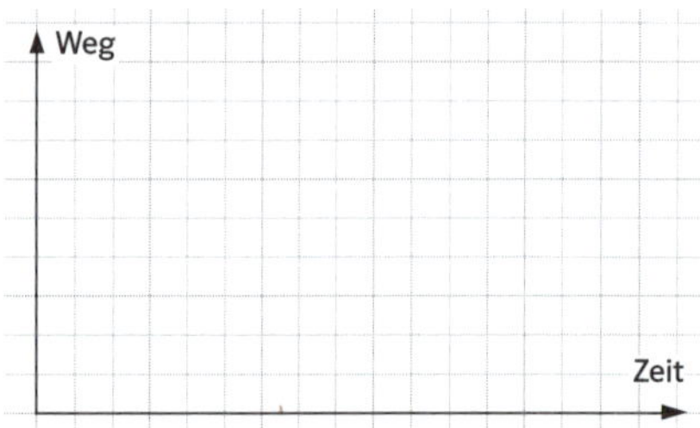

b) An einem Tag fährt Lara eine Strecke mit vielen Steigungen. Nach der Hälfte der Strecke legt sie eine kurze Pause ein und fährt dann mit langsamerem Tempo weiter. Welches Weg-Zeit-Diagramm beschreibt dies?

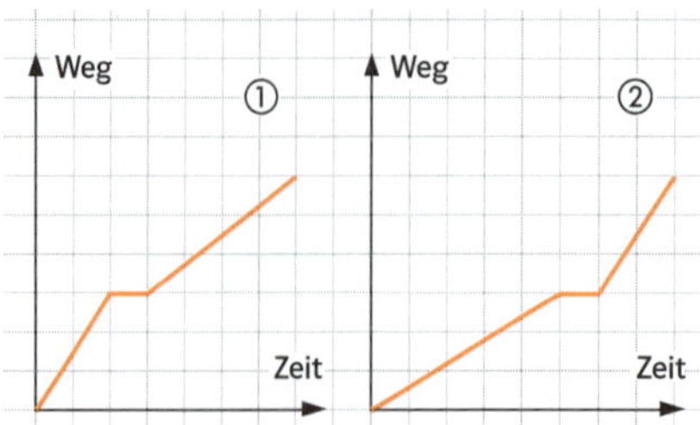

Diagramm ① ☐ oder ② ☐ ?

11 Fülle die Lücken in der Tabelle aus.

Abfahrt	Fahrdauer	Ankunft
13.35 Uhr	3 Stunden 14 Minuten	
	1 Stunde 5 Minuten	21.49 Uhr
8.55 Uhr	2 Stunden 17 Minuten	
	$1\frac{1}{2}$ Stunden	7.14 Uhr
22.55 Uhr	1 Stunde 5 Minuten	

12 Reiseziele 2004

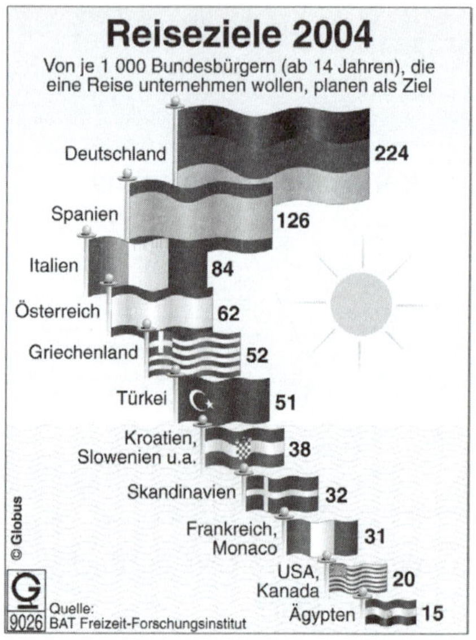

a) Worum geht es in dem Schaubild? ....

....

....

b) Wie viele der 5000 Befragten entschieden sich jeweils für die drei beliebtesten Länder?

....

....

....

c) Haben sich alle Befragten für eines der Länder entschieden?

....

....